遇见动物

一百种中国本土野生动物

冉浩　等著

科学普及出版社

·北　京·

图书在版编目（CIP）数据

遇见动物 ：一百种中国本土野生动物 / 冉浩等著.
-- 北京 ：科学普及出版社，2021.6
ISBN 978-7-110-10103-2

Ⅰ．①遇… Ⅱ．①冉… Ⅲ．①野生动物－普及读物
Ⅳ．①Q95-49

中国版本图书馆 CIP 数据核字（2020）第 061081 号

主要著者	冉　浩	
著　　者	王　蒙、苏朋博、张　蕾、赵宸枫、魏昊凯	
	（按照姓氏笔画顺序排序）	

策　　划	秦德继
责任编辑	邓　文　张敬一
封面设计	朱　颖
图文设计	金彩恒通
责任校对	吕传新
责任印制	李晓霖

出　　版	科学普及出版社
发　　行	中国科学技术出版社有限公司发行部
地　　址	北京市海淀区中关村南大街16号
邮　　编	100081
发行电话	010-62173865
传　　真	010-62173081
网　　址	http://www.cspbooks.com.cn

开　　本	889mm×1194mm　1/32
字　　数	250千字
印　　张	9.25
版　　次	2021年6月第1版
印　　次	2021年6月第1次印刷
印　　刷	北京盛通印刷股份有限公司
书　　号	ISBN 978-7-110-10103-2/Q·261
定　　价	68.00 元

序　言

当你在林中漫步，是否曾突然看到一只松鼠从旁边跑过，或是听到一只鸟雀在周围鸣叫？抑或是你在海边的潮间带游荡，突然看到有小鱼从泥中跳起，那不是活泼的弹涂鱼吗？哪怕是在居民小区中，你也有机会邂逅黄鼠狼、麻雀等野生动物；倘若你生活在乡野，那你会遇到更多的动物！我们生活在这个星球上，同时也生活在野生动物之间，它们就在我们的周围，随时有可能与我们偶然相遇。只是，当我们相遇时，我们都认识它们吗？了解它们吗？我们做好准备了吗？我们该如何与它们接触？

每每想到这些问题，我们大概往往不能给出肯定的回答。事实上，我们对野生动物有太多的误解和偏见，一些人认为它们可爱，想要上前亲密接触；一些人认为它们很危险，避之而唯恐不及。事实上，它们并没有看上去那么温顺和可爱，也没有想象中那么致命，它们确实有可能携带病原体，也有一定的概率传染给人，但前提是，你和它们发生了不恰当的密切接触。

也正是因为如此，让我萌生了从我所知的角度来写一本书介绍它们的想法。与之前在科学普及出版社出版的《非主流恐龙记》讲述我个人的科学研究故事不同，这本书将更倾向于一部百科性质的书，当然，它仍与一般的动物百科不同——它立足于我国本土，选取了那些有可能被偶然遇见的动物，同时，还要告诉大家在遇到它们时我们应如何去做，如何在自我保护的前提下，正确对待野生动物。

　　这本书将这些野生动物划分入不同的动物类群进行介绍——兽类（哺乳动物）、鸟类、爬行类、两栖类和鱼类等大类。本书对无脊椎动物不再进行过多详细介绍，但并非它们不算野生动物。事实上，哪怕一只蝗虫、一只蚂蚁，都应该算作野生动物。实在是它们的类群太过庞大，单单我最熟悉的蚂蚁这个类群，其物种数量就超过了鸟类和哺乳动物的总合，而甲虫的物种数是蚂蚁的20倍以上！无脊椎动物又何止昆虫一类……并且它们的物种识别难度也远大于脊椎动物，对于这本小小的书来说，实在不可能有如此大的篇幅去展开介绍它们，而挑拣少量物种出来介绍也实在意义不大。

另外，城市中的流浪猫、狗数量极多，也极为常见，它们也以一种接近野生动物的状态生存着。但它们只是野化的家养动物，并非真正意义上的野生动物，在某种程度上，这些动物反而对野生动物生存具有很大威胁，因此，并不在此书的讨论范围之内。

为了让大家对本书收录的动物有一个大致的了解，我们在本书中设置了物种信息卡片，给出了物种的学名、常见别称或俗名、体型、食性、分布和受胁等级等信息。其中，学名即双名法拉丁文学名，是这个物种在生物学界的唯一合法通用名称，读者可按图索骥，以此去查找更多关于这个物种的信息。别称和俗名则用于常规交流，如与当地向导的交流，他们可能并不知道物种的准确中文名，但是能说出它的俗名或者本地方言名，也许能够与本书的内容进行匹配。当然，鉴于我国各地方言众多，我们所收录的别称和俗名恐怕尚不能完全涵盖，谨供参考。体型对应的是该动物成体的测量数据。本文中的体长指头臀长（SVL），也就是从头测量至臀部的长度，全长（TL）则是头尾长，也就是从头测量至尾尖的长度。在鱼类中，除了全长，本书还使用了鱼类的标准长（SL），也就是从吻尖至尾鳍根部最后一枚鳞片或最后一枚椎骨末端的长度。本书中的受胁等级则是基于世界自然保护联盟（IUCN）濒危物种红色名录中的全球评估情况，在我国，相应动物的种群状况未必总是与之一致，如在全球范围内评估为最低受胁等级"无危（LC）"的动物，也许在我国的状态其实并不算太好，若是此种情况较为突出，本书会在正文中给予一定的提示。

在创作上，这本书由我来作为主要作者，并邀请了一些科普作者共同完成。这些作者包括魏昊凯、王蒙、赵宸枫、苏朋博、张蕾等，他们都具有生物学及相关专业背景，承担了部分条目的写作，这些部分在相应条目后标注了作者。此外，我要特别感谢科学普及出版社秦德继总编辑、本书责任编辑邓文、张敬一及相关的所有工作人员为这本书的出版所做出的努力。

本书的图片除了我和朋友拍摄的以外，相当数量来自 CC 版权协议的许可和商业图库的授权。我们自己拍摄的图片会在正文图注标明，在此我要特别感谢张礼标、许益锩、张小峰、齐硕、陈明、叶峥嵘、王智永、金琛、黄晓春、周佳俊、罗腾达、陈江源等朋友提供的帮助，他们中的一些人还帮忙审读了本书的部分内容。而其他来源的图片则在本书后面的图片来源说明页进行说明，其中一些作者被图库隐去了姓名，在此，也向所有这些知名和不知名的摄影师致以真诚的谢意，感谢他们拍摄了这些精彩的照片。

　　最后，希望您在阅读本书的时候能有所收获。祝您阅读愉快！

冉浩

2020 年 10 月

目 录

第一章

兽　类

今天，关于"兽类"的认知已经和古代有所不同，当代科学意义上的兽类指的是哺乳动物，也就是那些浑身长满了细密的毛发，体温恒定并且胎生哺乳的动物（有少数物种不同，如鸭嘴兽等）。哺乳动物是当代最兴盛的陆地动物类群之一，并且在演化上居于这个地质时代的舞台中心。哺乳动物包括了各种我们非常熟悉的动物，如鼠类、虎豹等猫科动物、犬狼狐等犬科动物、牛羊等牛科动物，甚至我国传统文化传说中能够修炼的"地仙"们——除了蛇类，不管是黄鼬、刺猬或是其他，基本都属于哺乳动物。哺乳动物是同我们联系最为密切的动物类群，甚至我们人类自己，也属于哺乳动物。

相比早期爬行动物，哺乳动物在生理结构上有了很大的改变，我们发展出了更加多样化的牙齿，如用于撕咬的犬齿、用于切割的门齿、用于咀嚼的前臼齿和臼齿等。与之相对应的是，我们拥有了发达的咀嚼能力，使我们可以更好地对食物进行处理。同时，哺乳动物的脑也更加发达，新皮层的出现更是在神经功能上的一大飞跃。恒温和胎生的特征则大大提高了哺乳动物生存和繁衍的成功率。如此等等，哺乳动物获得了很多生存优势，也正是因为这一系列的变化，哺乳动物能够在6600万年前的灭绝事件中快速恢复并登上演化舞台的中心。

今天，哺乳动物遍布于地球大陆的各个生态系统，你在各个地方都有可能和它们不期而遇，也许是在森林里，也许是在公路上，也许是在公园里，甚至是在居民区。事实上，它们也是如此重要，在很多生态系统中，它们都堪称基石物种——缺失了它们，这些生态系统就可能崩溃。如在巨藻林里，海獭对控制海胆的数量具有关键作用，一旦失去海獭，海胆就可能在短时间内摧毁整片巨藻林，从而使这个生态系统从底层崩溃。因此，很多野生哺乳动物是非常有必要保护的，特别是那些起到基石作用的物种，而我们在遇到这些动物的时候，不仅要对它们有所了解，也应该采取正确的行为和策略。

物种档案

拉丁学名：*Sciurus vulgaris*
体　　型：体长约22厘米，
　　　　　尾长约19厘米
食　　性：主要为植食性
分类地位：哺乳纲 啮齿目 松鼠科
　　　　　松鼠属
分　　布：欧洲和亚洲的北部
受胁等级：无危（LC）

欧亚红松鼠

　　公园里或者森林中，松鼠可能是我们最容易遇到的兽类之一。这些漂亮的小动物拥有毛茸茸的大尾巴，呆萌的样子很惹人喜爱。但是，它们同样是野兽，我们可以远远观察，但不要惊扰了它们，那会影响它们的生活。

　　在我国不同的地域分布的松鼠种类有所区别。在北方的林地，你可能更容易会遇到欧亚红松鼠，它们的体色以红棕色为主，也有灰色的，腹部的毛色较浅，换上冬装时在耳朵上还会有一撮毛。而在南方，你有很大的概率会遇到红腹松鼠（*Callosciurus erythraeus*），就如它的名字，它的腹部是偏红色的。而在我国中部地区的山间乱石中，你还有可能会遇到岩松鼠（*Sciurotamias davidianus*），它是我国的特有物种。

　　总体上来说，松鼠全天活动，而且全年都不间断。当然也不是风雨无阻的，松鼠的日活动节律受气候条件的影响，大风、暴雨和严寒酷暑都会减少松鼠的活动时间，因为它们要躲在窝里保存体力啊！秋天一到，松鼠就开始贮藏食物，一只松鼠常将食物分几处贮存，有时还会见到松鼠在树上晒蘑菇等食物，以便保存得更久。这样，在寒冷的冬天，松鼠就不愁没有东西吃了。

松鼠的生殖情况与它获取的食物多少密切相关，如果吃不饱，那么它的繁殖期会推迟甚至消失，看来吃饱还是很重要的。松鼠每年可以生育两次，一胎能生三四个，而且雌鼠的体重越大，生育的后代越多。通常，小松鼠的毛是灰褐色的，过了冬就换毛，它们还会用自己的爪子和牙齿梳理全身的毛发呢!

近年来，松鼠的生存正受到栖息地丧失的威胁，此外，它们还面临被捕捉的风险。事实上，我国境内几乎所有的主要野生松鼠物种都已经被列入了"三有"动物名录，是应当受到保护的。而且在人类和它们密切接触的时候，危险也正在酝酿。野生松鼠有可能携带有多种人兽共患病病原体，如狂犬病毒、寄生虫、鼠疫杆菌，这些疾病都会传染，密切接触容易传染给人。

在森林中穿梭的松鼠是幸福的，而没有了自由和栖息地的松鼠呢?这些森林中的小精灵，我们应当远远地守望着它们。（苏朋博）

欧亚红松鼠（冉浩 摄）

红腹松鼠

白腹巨鼠

物种档案

拉丁学名：*Leopoldamys edwardsi*

别　　名：小泡巨鼠、长尾巨鼠、
　　　　　爱氏巨鼠、岩鼠

体　　型：体长约24厘米

食　　性：杂食，偏植食性

分类地位：哺乳纲 啮齿目 鼠科 小泡鼠属

分　　布：中国南方各省至印度和东南亚

受胁等级：无危（LC）

　　白腹巨鼠给人的第一感觉就是一只大号的老鼠，它们是我国南方林地和灌丛栖居的鼠类，但与我国台湾地区特有的被称为刺鼠的白腹鼠（*Niviventer coninga*）并非同一个物种。

　　白腹巨鼠是夜行性动物，冬季多在山区岩洞中过冬，其他季节时常会出现在山区的田园间。它们常常会潜入其中取食香菇、竹笋、桐籽、栗子、茶籽、蔬菜等，有一定的危害，容易被当成大老鼠捕杀。但另一方面，白腹巨鼠搬运、埋藏特定树木的种子，对这些植物的扩散有利，对林木的更新有积极影响。因此，只要条件允许，野生的白腹巨鼠是可以适当进行保护的。

白腹巨鼠
（浙江省森林资源监测中心 周佳俊 摄）

物种档案

拉丁学名：*Marmota sibirica*

别　　名：蒙古旱獭、草原旱獭、土拨鼠

体　　型：体长 36～50 厘米

食　　性：多食用植物根、块茎、叶、种子、浆果，同时食用地衣、苔藓等

分类地位：哺乳纲 啮齿目 松鼠科 旱獭属

分　　布：我国西北至蒙古国和俄罗斯

受胁等级：濒危（EN）

西伯利亚旱獭

　　旱獭是一类体型较大的啮齿类动物，你有可能在草原遇到它们。它们广泛分布于北美洲和欧亚大陆的北方，在高山草甸和草原上有较多分布。我国常见的种类有草原旱獭（*Marmota bobak*）、喜马拉雅旱獭（*Marmota himalayana*）和西伯利亚旱獭等。旱獭通常具有粗壮的短腿和较大的爪子，这使得它们特别擅长挖掘。它们常常生活在洞穴中，而在觅食期和冬眠前均会挖洞，并在整个冬季冬眠。旱獭每年繁殖一次，每胎 2～6 仔，尽管这样的繁殖速度并不十分迅速，但由于旱獭寿命较长，有的种类在野外平均寿命可达 15 年，而幼崽 1～3 年便能达到性成熟从而繁育后代，因此总的来讲旱獭繁殖速度较快，这也使得它们曾经分布更加广泛。

　　近年来，随着网络的传播，旱獭收获了不少"粉丝"，特别是它们的形象，看起来非常可爱。但是，在野外接触旱獭的时候，却一定要注意保持安全距离。旱獭是重要的鼠疫自然疫源动物，如 1910—1911 年的东北鼠疫，即由旱獭引起，并从俄罗斯传入满洲里，尽管当时的防疫得当，但死亡人数也有 6 万人之多，而印度同时期的鼠疫甚至死亡 1000 万人，由此可见鼠疫的可怕。而近年来，更是不乏因接触旱獭而感染鼠疫身亡的报道。除鼠疫外，旱獭还携带多种病原体，如果因为接触不当而被咬伤，那就更是麻烦了。

当然，这并不意味着我们要把它们当成敌人斩尽杀绝。尽管它们会传播疾病、破坏草场，但是它们同样能够疏松土质、传播种子，并且是很多捕食者赖以生存的食物，是草原生态系统中的重要一环。因此，遇到旱獭以后，最好是保持距离进行观察，你会发现每一只旱獭都有自己的性格，它们有复杂的社区组织，也有有趣的报警和隐蔽行为。当我们和大自然相遇的时候，做一个静静的观察者和守护者，远比亲自下场参与要有意义得多。（魏昊凯）

西伯利亚旱獭（冉浩 摄）

物种档案

拉丁学名: *Lepus sinensis*
体　　型: 体长40厘米左右
食　　性: 纯草食性动物，采食各种杂草、
　　　　　树叶、植物花芽、果实、种子、
　　　　　蔬菜、瓜果、根茎及豆类种子等
分类地位: 哺乳纲 兔形目 兔科 兔属
分　　布: 中国、越南
受胁等级: 无危（LC）

华南兔

野兔，是我们在野外经常会偶遇的动物，也许你见过它从你面前的小径穿过，也许它会从你脚边的草丛处蹿起，然后一溜烟地跑掉。与家兔的祖先——欧洲地区的穴兔不同，我国的野兔大多不会在地上打洞。华南兔是我国的一种本土野兔，它的耳朵很短，身形小，拥有强健的四肢，还长了个又小又短的尾巴，这都是为了方便在野外逃生。兔子是食物链的底层动物，野外的环境对于它们来说危机重重。当它们遇到敌害时，主要的方法就是三十六计——跑为上策，慌不择路时甚至可能撞上障碍物，所以它们需要更加敏锐的听力和更发达的四肢。

华南兔的活动是不分昼夜的，任何时候都可以见到它的身影。它喜欢走小道，白天多隐藏于灌丛和杂草丛中，因为草就是它的主要食物，这样就得来全不费工夫。它的繁殖期很长，除了冬季均可。每年可繁殖2～4窝，每

华南兔标本（冉浩 摄）

窝约 3 ~ 5 只，这样算下来，一年可达 15 只左右。幼兔出生后，三四十天便能独立生活了。

　　除了华南兔，在我国还有草兔（*Lepus capensis*）、云南兔（*Lepus comus*）和雪兔（*Lepus timidus*）等，其中，按照记录草兔的分布可能是最广泛的了。但草兔的分类地位还存在着很多争议，如原来的蒙古兔（*Lepus tolai*）、藏兔（*Lepus tibetanus*）等都曾经被认为是草兔，因此与草兔有关的分布记录可能并不准确。事实上，这几种野兔确实也不太容易区分，特别是在野外一瞥的时候。由于野兔非常机警，你几乎不会有太多的机会去贴近观察，如果你确实想认真观察它们，你可能需要专业的设备及足够的耐心。人与野兔彼此之间的偶然相遇大概也是一瞬间的事情，体会这种惊喜，感悟自然的野性之美，也是相当不错的。（苏朋博）

尽量隐蔽起来的蒙古兔

栖居于温带和亚寒带针叶林的雪兔，它是国家二级保护动物

物种档案

拉丁学名：*Erinaceus amurensis*
别　　名：远东刺猬、黑龙江刺猬、刺球
体　　型：体长 15 ~ 30 厘米
分类地位：哺乳纲 猬形目 猬科 猬属
食　　性：杂食性
分　　布：东北、华北、长江中下游，
　　　　　国外见于俄罗斯远东地区和
　　　　　朝鲜半岛
受胁等级：无危（LC）

东北刺猬

　　刺猬是我们最熟悉的小型野生哺乳动物之一，我们不仅常常在各种读物和视频资料中看见它们的身影，它们甚至有可能出现在居民小区里，至少这些家伙有在小区偷猫粮的记录……

　　刺猬浑身长满了短棘刺，以我国最常见的东北刺猬为例，粗略估计，东北刺猬全身大约有 5000 多根刺，棘刺的形态差异不大，差不多 1 毫米粗，2 厘米长。棘刺中空，里面还有一些横向的支撑结构，使它轻巧又坚韧。棘刺从毛囊长出，是毛发的变异形式。这些棘刺主要分布在刺猬的头顶和背部，腹部则是柔软的细毛。由于腹部缺乏保护，所以刺猬在遇到敌害的时候通常是把身体蜷缩起来，形成一个刺球，把柔软的腹部保护在内部，从而使对方无处下口。由于刺猬的刺不像豪猪一样可以轻易脱落，所以扎人一嘴刺的技能是没有的。

夜间出来活动的东北刺猬（叶峥嵘 摄）

平时，刺猬会精心打理自己的这些刺。它们有一个很特别的行为，就是会咀嚼了东西以后制造唾液泡沫，然后涂抹在自己的刺上。这种对别的动物来说可能是重大健康征兆的"口吐白沫"现象，对刺猬来说，是再正常不过的了。它们嘴里咀嚼的，可能是皮革、蟾蜍皮、木屑或者其他什么奇怪的东西。关于这一行为的原因，目前还没有太统一的说法。一种流传很广泛的说法是刺猬可以借此把蟾蜍的毒液等有毒物质涂抹在自己的刺上，从而给自己的刺增加威力，这被形象地称为"上毒"。另一种很有说服力的提法则认为，刺猬是在用环境中的材料涂抹自己的刺，从而掩盖自身的气味，减小被捕食者发现的概率。

刺猬确实经常能搞到蟾蜍的皮，因为它们是少数能够吃掉一只大蟾蜍却不用担心自己中毒的动物。刺猬的抗毒能力很强，在它们的身体里拥有针对生物毒素演化出来的抗出血因子，以至它们对蛇毒也有相当的抗性。有时候，它们甚至会吃蛇。刺猬虽然吃植物性食物，也很谨慎胆小，但可能比你想象中的形象还是要强悍那么一点。

事实上，我们对刺猬的误解颇多，自古如此。比如古人认为刺猬属于那种可以修炼，还会钻到坟头里吃死人脑子的地仙——它们也许确实会在乱葬岗子打洞筑巢，荒地适合它们生活，但挖进坟头这事肯定不是故意的……另一个关于刺猬广泛的说法是它们能够用自己的刺收获果树上的果实，然后把果子插在背上背走储存起来，可是那四条小短腿要怎么才能把背上的果子摘下来呢？事实上，我们从未观察到过这样的行为。尽管刺猬冬眠，但是它们更多的是在秋季通过大量进食来积累脂肪，而不是像老鼠那样储存越冬的食物。

　　虽然刺猬比鼠类干净得多，并且不时出没于城市中的花园和小区，跑得也不快，看起来也挺可爱，但它们也是野生动物，贸然接触同样具有风险，抓回家里养就更不对了。刺猬也有携带多种病原体的可能，此外，它们身体上常有体表寄生虫，如跳蚤、蜱虫和螨虫等，后者也是血液疾病传播的重要中间宿主，是有风险的。

正在游泳的东北刺猬，它也是会游泳的（叶峥嵘 摄）

请为彼此保留距离!

不论是身处森林、草原抑或是荒漠,哪怕是在城镇中也是一样,野生动物就生活在我们的周围,我们随时都有可能因为一些偶然事件而与它们面对面。当彼此相遇时,请尽可能克制自己的情绪和行为,并与它们保持安全距离——对彼此都安全的距离。

很多时候,无视它们,至少装作无视它们,是最理想的策略。除非可以确认野生动物已经对你抱有强烈的敌意甚至准备发动偷袭,让野生动物意识到你已经注意到它了,可并不是一件好事情。因为它将不能保持沉默或隐蔽状态,而必须做出回应,要么逃走要么做出警戒行为,甚至有可能做出威胁动作。前者会影响野生动物的正常生活,你会对它造成精神压力,甚至也许已经干扰了它得来不易的进食机会,而后者,是给你自己出了难题,如果你不能正确解题,就有可能面临对方的攻击。大声呼喊、尖叫、进一步逼近、驱赶等,都是不当行为,倘若动物被惊走还好——尽管一些具有致命威胁的动物并不倾向于使用它们的武器,但是在它们受到刺激时仍可能会选择发动攻击,特别是当双方的距离很近,已经逼近它所能承受的安全距离极限时。不过动物此时通常会做出一些警示行为,如仰头、龇牙等,你要果断识别出这些行为,并面朝它缓慢后退,拉开距离,但不可掉头就跑。

如果你确实想要观察它们,可以在默默拉开足够的距离之后,再选择合适的观察位置和角度。倘若它们没有受惊,通常都会继续在那里活动一段时间。

试图直接接触、抓捕野生动物的行为都是不应该的，这不仅破坏生态，也并不安全。人兽之间存在着大量的共患病，因此我们与野生动物之间必须保持安全距离。我们的祖先主动或被动地接触了大量哺乳动物，已经给我们提供了足够多的教训。如在鼠类等啮齿动物中广泛存在的鼠疫杆菌几乎摧毁了辉煌的古罗马帝国，并且在中世纪把欧洲折磨得痛苦不堪；在我国，明朝的灭亡很大程度上与鼠疫流行有关，而清末爆发的东北鼠疫的疫情更是让人记忆犹新。即使新中国成立后，也不时爆出疫情，1982 年还曾在云南发生过疫情等。

　　事实上，远远不止于此。即使仅统计名称，我们已知的人兽共患疾病就足以打满数页 A4 纸，其中不乏相当多的烈性疾病。其中一些不会使动物宿主表现出明显的症状，但对人类来说甚至可能是强致病性的。因此，为了个人和公共卫生安全，以及保护生态等，除工作必需以外，请不要直接接触野生动物。

摄影师拍摄远方的北山羊

物种档案

拉丁学名: *Hystrix brachyura*
别　　名: 马来亚豪猪、普通短尾豪猪、东南亚豪猪、喜马拉雅无冠毛豪猪
体　　型: 体长 50 ~ 75 厘米
分类地位: 哺乳纲 啮齿目 豪猪科 豪猪属
食　　性: 植食性为主，偶尔吃小昆虫等
分　　布: 我国从山西到云南、广西等地的广大区域，南亚、东南亚及其周边地区
受胁等级: 无危（LC）

东亚豪猪

　　在海拔 3500 米以下的各种地形中，比如森林、山地、荒漠等，甚至在农田，你都有可能遇到豪猪。毫无疑问，豪猪是这个世界上的防御大师，它们已经把对刺的应用发挥到了极致。这些小狗般大小的动物拥有坚韧而有倒钩的长棘刺，这些长刺非常容易脱落，因此你在观看各种动物纪录片时，有时会看到豹子之类的食肉动物脸上插满了长长的刺，这些刺就属于豪猪——这是相当惨重的代价，食肉动物很难把这些长刺一根根拔下来，更何况还有倒钩，那真是插进去容易拔出来难啊！一旦被豪猪怼在脸上，它们可能要花一天甚至更长的时间才能除去脸上的刺。事实上，这些倒钩更加危险，如果不及时除去，在肌肉的运动作用下，它们会继续一点点刺入，而且还要面临伤口感染的风险。因此，被刺中一次之后，大概就能造成心理阴影了，找豪猪的麻烦？再也不敢了。

　　豪猪也相当清楚自己的能力，不过它们不会随意挥霍自己的长刺，毕竟刺是有数量限制的，用掉一根，很久才能长出新的来替补。通常它

们会先发出威胁，晃动身体，炫耀它的刺，并且让它们发出沙沙的响声。东亚豪猪的尾巴上还有特化的中空尾铃，可以增加它的气势。如果警告无效，它才会用后背对准敌人，一屁股怼上去，剩下的就是敌人该如何惨叫了……古人曾经以为豪猪可以发射长刺，远距离击中敌人，所以又管它们叫箭猪，大概是因为只看见了被怼的捕食者，没看见被怼的过程。

大概正是因为这一技之长，豪猪的分布相当广泛。在我国，最常见的就是东亚豪猪的喜马拉雅亚种，也称为中国豪猪，属于"三有"动物。因此它们白天在洞穴里休息，晚上出来活动，

所以和人遭遇的机会并不多。在和人遭遇时，它们通常会选择逃跑而不是进攻，但前提条件是人不要离得太近，更不要尝试肢体接触，豪猪的脾气不算好，但哪怕是好脾气的动物，被逼到无路可退时，也会奋力反击的。与动物相处，我们要给它们安全感，保持适当的距离，给它们留出撤离的通道，之后，我们也许有机会给这次奇妙的相遇拍张照片，作为美好的回忆。

东亚伏翼蝠

　　当夜幕降临以后，你有很大的概率在天空看到蝙蝠。虽然有蝙蝠侠撑着，但总体上来说，人们还是不太喜欢晚上飞出来的蝙蝠，哪怕它们在传统文化中和"福"字谐音。老人们会说它们是老鼠变的，一些地方说是老鼠偷了盐，还有一些地方说是喝了油——要真是那样，儿歌里上灯台偷油吃的老鼠就不用担心下不来了——更离谱的说法是喝了人血变的，这就有点儿吸血鬼的意思了。当然，在西方文化中的吸血鬼和老鼠没关系，它是狂犬病患者和吸血蝙蝠的角色切换。不过还有一点要特别提及的就是，其实狂犬病人咬人是不传染的，得动物抓咬才会传染，目前狂犬病在人和人之间传播的记录仅见于器官移植。但被蝙蝠咬了就不一样了，蝙蝠可以携带狂犬病毒，并且可以传染给人。同时，蝙蝠也是多种其他病毒传播的中间宿主。

　　但事实上，蝙蝠和老鼠的亲缘关系不是很近，它和狗、虎等食肉动物，还有马、犀牛等奇蹄目的食草动物关系最密切，简直就是堂兄弟！基于此研究成果，有人干脆把上述三类动物合称"飞马兽"。哈，如果狗儿知道这个消息一定会说，蝙蝠这张脸原来就是缩短的狗脸啊；马儿一定要说，谁说飞马是虚构的动物，蝙蝠不就是嘛！

由于飞行能力还差点儿，所以多数蝙蝠不在白天活动，它们避开了鸟类，在夜晚活动。在伸手不见五指的漆黑夜晚，它们所倚靠的主要技能是回声定位。在蝙蝠的口鼻部有特殊的发声结构，能够发出我们听不到的超声波，还不影响正常呼吸，也就是说，其实每只蝙蝠都在大声地嚷嚷，只是我们听不到而已。这种探测方式的精度很高，不仅能为自己的飞行路线定位，还能识别出前面是不是有可口的昆虫。在动物世界中，鲸类也具有回声定位的能力，不过蝙蝠的这种能力很可能是独立进化出

东亚伏翼蝠（张礼标 摄）

来的，因为化石记录表明蝙蝠是先会飞，然后才掌握回声探测能力的。

蝙蝠的另一项绝技就是天天倒挂也不吐。它们后肢短小，不能支撑行走，只能靠前肢爬，这也限制了它们从平地起飞，遇到敌害很难逃跑。因此还是挂在树上好，一有风吹草动，一撒爪，蝙蝠立马就可以飞走，而且没有各种东西碍手碍脚，更不会划伤宝贵的翅膀。不仅如此，蝙蝠为了适应倒挂生活，生理结构也发生了改变，保持这种姿势不仅不会吐，还有助于血液循环和恢复体力。

在我国，最常见的蝙蝠有东亚伏翼蝠、大棕蝠（*Eptesicus serotinus*）、山蝠等，中华菊头蝠（*Rhinolophus sinicus*）也在我国有较大的分布范围。事实上，蝙蝠所携带的病原体种类确实丰富，加之其体温高、免疫力强大，往往自身带毒而无症状，从而起到中间宿主、保藏宿主的作用，确实应减少接触。守卫黑夜的动物，就该让它与黑夜共生，我们不该过多接触和干涉它们。至于某些地方还要把蝙蝠洞开发成景点，供游人在白天入洞参观，惊扰休息的蝙蝠之类的事情，对人、对蝙蝠，都不好。

物种档案

拉丁学名: *Vulpes vulpes*

别　　名: 红狐、草狐、南狐、火狐、银狐、
十字狐

体　　型: 体长62～72厘米

食　　性: 主要以旱獭及鼠类为食,
也吃野禽、蛙、鱼、昆虫等,
还吃各种野果和农作物

分类地位: 哺乳纲 食肉目 犬科 狐属

分　　布: 分布于整个北半球, 包含欧洲、
北美洲、亚洲草原及北非地区

受胁等级: 无危 (LC)

赤狐

　　赤狐, 冬天里的生灵。白茫茫的雪地上行走着一团火一样的生物, 这就是大自然最美的馈赠。它的体型纤长, 腹部为白色, 腿和耳尖是黑色的, 其他地方都呈红色。它的躯体覆有长的针毛, 蓬松而柔软。

　　赤狐的适应能力很强, 它的栖息环境非常多样, 从高山到平原, 从森林到草原, 甚至沙漠、人类聚居区都是它们的栖息地。赤狐很少自己挖洞, 有时居住在树洞里、岩石缝中, 甚至会占据兔、獾等动物的巢穴, 有点鸠占鹊巢的感觉。

　　赤狐在每年的12月到次年2月发情、交配, 此时雄兽之间会发生争偶的激烈争斗。当然它们之间也会进行信息交流, 雄兽和雌兽通过尿液中散发出的类似麝香一样的气味互相吸引, 受到雌兽吸引的雄兽会发出古怪而又刺耳的尖叫声。这是它们特有的语言。赤狐每胎多为5～6仔, 幼仔出生的时候, 雄兽总是待在雌兽身旁。雌兽精心地抚养和照顾赤狐幼仔, 从不离开, 食物则由雄兽供给, 整个哺乳期约为45天。但是赤狐的寿命最多为 14 年，这在犬科动物里寿命算长的了。在成长的过程中，雄兽会很耐心地教小赤狐如何觅食，如何在激烈的斗争中生存下来。赤狐的繁殖率高，再加上亲兽的悉心调教，幼崽存活率是比较高的。

但是，这并不意味着在自然环境中赤狐的数量很多，也不意味着它们的数量会泛滥。赤狐作为生态系统中的捕食者，处于较高的营养级，这就决定了它们的数量不会太多，不能像一些食草动物那样出现数量爆炸。此外，赤狐也并非生态系统中的顶级捕食者，它们会被更凶猛的捕食者猎杀，其数量是受到食物链上级调控的。而且野生赤狐属于国家二级保护动物，得到法律的保护。（苏朋博）

北京动物园的赤狐，周围都是它挖的洞（冉浩 摄）

物种档案

拉丁学名：*Nyctereutes procyonoides*

别　　名：浣熊狗、浣熊貉、貉子、狸

体　　型：体长49～71厘米，
　　　　　尾长15～23厘米

食　　性：食性较杂，偏肉食性

分类地位：哺乳纲 食肉目 犬科 貉属

分　　布：原产地在东亚附近区域，
　　　　　引入欧美

受胁等级：无危（LC）

貉

　　貉看起来相当像浣熊，然而它其实是犬科动物，与狼、狐狸等动物的亲缘关系更近，所以外号"浣熊狗"。貉是杂食性的动物，但是更偏向肉食性一些，它们的主要猎物为鼠类等啮齿动物，以及更小的动物如爬行动物、鸟类等，它们也吃腐肉，在秋季冬眠之前（对的，它们冬眠，是目前发现的唯一一种冬眠的犬科动物）则会食用果实和种子来补充脂肪。

　　貉实行严格的一雌一雄婚配制，并且会结成永久性的繁殖对，共同守卫领地，一起行动，一同冬眠。它们通常会寻找树洞、石缝和土洞居住，在实在找不到住所的情况下，也会自己打洞筑巢。所谓在同一个山坡上活动的"一丘之貉"，大概就是对这种行为的生动写照。

　　貉在20世纪初就被引入了欧洲，主要的用途是获取皮毛。后来，貉逃逸到了野外，形成了自然种群，成了欧美的入侵物种。它们的适应性很强，非常适应城郊和农田环境，可以形成很大的种群数量。它们在欧洲扰动了生态系统，与当地的狐狸和獾竞争生存资源，虽然狼是它们的天敌，可以控制貉的数量，但是欧洲的狼也已经很少了，因此，那里需要额外的人为干预以消灭这些貉。但是在我国，情况是不一样的，这里是貉的原产地，它们在这里是生态系统中不可或缺的环节，是需要加以保护的，其野外种群的保护级别为二级。

貉

物种档案

拉丁学名：*Meles leucurus*

别　　名：狗獾、獾芝、麻獾、山獾、猹

体　　型：体长50～75厘米，
　　　　　尾长40～55厘米

食　　性：主食蚯蚓，也食用野果、昆虫、
　　　　　腐肉甚至小型脊椎动物等

分类地位：哺乳纲 食肉目 鼬科 獾属

分　　布：中国、朝鲜半岛、蒙古、
　　　　　哈萨克斯坦、俄罗斯等地

受胁等级：无危（LC）

亚洲獾

　　獾是在野外很容易遇到的动物，曾被认为是一种广泛分布于欧亚大陆的鼬科动物。现在獾被认为至少包括了3个物种，我国的獾应属于亚洲獾，后者主要分布于亚洲和东欧等地。鲁迅在《故乡》中提到少年闰土用胡叉刺"猹"，很可能指的就是亚洲獾，这是我国农民们在上百年前守护农田免受野生动物侵扰的生动写照，也体现出了人类与野生动物在活动和生存上出现的矛盾。这一矛盾自人类有史以来就一直存在，近年来，随着人类活动进一步侵入野生动物的栖息地，正在全球范围内变得越来越尖锐。在我国，野生獾作为"三有"动物，受到政策保护。

　　相比于同科的狼獾（貂熊）和猪獾，由于獾形态与狗略有相似，又常常被人们称为狗獾。獾具有锋利的爪子，这能够帮助它们挖掘深而复杂的洞穴，而在部分地区具有冬眠习性的獾，也得益于此而能在安全的地下度过冬天。獾通常在夜间外出进行随机性觅食。其中蚯蚓能够占实物量的半数以上，同时獾也食用觅食途遇的野果和腐肉，也偶有捕食小型脊椎动物的行为。由于獾食性广且以蚯蚓为主要食物，故在山林灌丛、河流湖泊旁、草地及田间等非极端环境中多有分布。獾每年繁殖一次，每胎 1 ~ 5 仔。而地下的生活和较为良好的卫生习惯使得幼崽成活率相对较大。

　　野生獾相对于其他动物来说很讲卫生，甚至能够做到分配不同的"如厕"场地，但毕竟野生动物本就有着携带多种病原体的可能，而獾较广的食性和较强的免疫力，就更容易成为传播病原体的中间媒介。因此，在与野生獾相遇的时候，就像对待其他野生动物一样，应该尽量避免直接接触。（魏昊凯）

亚洲獾

物种档案

拉丁学名：*Arctonyx collaris*

别　　名：沙獾、山獾、獾猪、川猪、串猪

体　　型：体长 61～74 厘米，
　　　　　尾长 9～22 厘米

食　　性：杂食性。主要以蚯蚓、青蛙等
　　　　　动物为食，也吃玉米、小麦、
　　　　　土豆、花生等农作物

分类地位：哺乳纲　食肉目　鼬科　猪獾属

分　　布：不丹、柬埔寨、印度和我国等
　　　　　都有分布

受胁等级：近危（NT）

猪獾

　　猪獾体型粗壮，四肢短粗，口鼻部分和家猪别无二致，整个身体呈现黑白两色混杂。虽然有发达的前爪，但并不是作为攻击的武器，仅用来刨取土中的蚯蚓等虫子。

　　猪獾喜欢在晚上出来觅食，而且食性比较杂，不仅喜欢吃蚯蚓、昆虫和小型脊椎动物，还喜欢啃食植物的茎块，吃西瓜、玉米、小麦等农作物。这一点也成了农民的心头之患。早期，人们想尽各种方法找到猪獾的洞穴，用网将洞口封住，如果没有找到洞穴，就在田间设夹子，更有甚者，将食物煨上农药，放到田间，种种残忍的捕猎手段让猪獾苦不堪言，已经严重威胁到了猪獾的生存，它们的数量锐减，生态平衡也逐渐遭到了破坏。随着猪獾数量下降，这个问题也随之消失，同时它也被列入 IUCN 濒危物种红色名录，在我国被列为"三有"动物。今天，猪獾是应该得到保护的，如果确实有猪獾威胁到农业生产，比较合理的折中方法应该是使用不会致伤动物的陷阱对其进行捕捉，然后再择地放生。

猪獾喜欢穴居，有冬眠的习性，性情凶猛。当遭遇敌害时，常将前脚低俯，发出凶残的吼声，吼声似猪，同时能挺立前半身以牙和利爪作猛烈的回击。它的繁殖期为 4—9 月，而于次年的 4—5 月产仔，妊娠期长达约 10 个月，这主要是因为受精卵有延迟着床的特性。受精卵着床于春季出洞之后，胚胎发育时间一般不超过 6 周。每胎以产 2～4 仔者为多，初生仔长 10 多厘米，哺乳期约为 3 个月。幼仔 2 岁达到性成熟，但是它的寿命大约为 10 年，所以自然状态下猪獾的数量就受到了很大的限制。（苏朋博）

猪獾

物种档案

拉丁学名：*Macaca mulatta*

别　　名：猢猴、黄猴、沐猴、恒河猴、
　　　　　老青猴、广西猴

体　　型：体长 47～64 厘米，
　　　　　尾长 19～30 厘米

食　　性：杂食性

分类地位：哺乳纲 灵长目 猴科 猕猴属

分　　布：原产于中国、印度到西亚等
　　　　　欧亚大陆地域，引种到美国

受胁等级：无危（LC）

猕猴

　　猕猴是我们国家最常见的猴类，平时我们说的猴子，多半都是猕猴，在山间你有机会遇到它们。

　　猕猴是社会性动物，在它们的群体中，不论是雌性还是雄性，都是有等级的。在大的猕猴群体中，有时会有好几个母系小单元。雌性在群体中的等级取决于其母亲的等级，它的等级高于任何比它母亲低级的、无血缘关系的雌性。这种在人类社会中被称为世袭的等级观念从小就渗透进了猕猴的生活中，比如幼崽之间出现争斗，高序位的雌性一般会袒护自己的幼崽，低序位的母亲则会主动抱走自己的幼崽，以避免冲突。幼崽会观察到群体中低序位的个体对高序位个体的尊敬、服从，从而认识到自己的位置，并谨慎处理这些关系。至于雄性幼崽，当它们成年以后，会被群体里的雄性驱逐出去，只能加入其他群体。

　　在猕猴群体中，存在一个由几个最优势雄性和高序位雌性组成的小圈子，可以称为亚群（subgroup）。它们位于群体活动范围的中央区域，决定这个群体的移动、觅食及其他活动。这个圈子，大概可以称为"王室"，而在这个圈子里的雌性的后代，就算不能称为公主或王子，至少也应该算个"嫡出"……

总体来讲，大家对猕猴的印象还算不错，保护情况相对较好，特别是一些景区也将野生猕猴群作为一个看点，你很容易在一些多山的景区遇到野生的猕猴。它们看起来确实很可爱，又通人性，但是，它们的脾气可并不太好，特别是景区里的猕猴，已经深谙与人打交道的方法。你最好和它们保持一点距离，更不要尝试戏弄它们。因为行为不当而被猴群洗劫或者暴揍的游客，实在太多了。如果真遇到了这样的事情，请尽量赶紧逃走，实在不行可以尝试用一些策略进行安抚或吓阻，尽量不要开启战斗模式，它们其实是国家二级保护动物，你得迁就它们一点。

张家界的野生猕猴（葛军 摄）

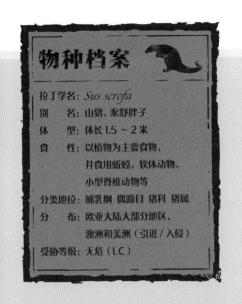

物种档案

拉丁学名：*Sus scrofa*
别　　名：山猪、家舒胖子
体　　型：体长 1.5 ~ 2 米
食　　性：以植物为主要食物，
　　　　　并食用蚯蚓、软体动物、
　　　　　小型脊椎动物等
分类地位：哺乳纲　偶蹄目　猪科　猪属
分　　布：欧亚大陆大部分地区、
　　　　　澳洲和美洲（引进 / 入侵）
受胁等级：无危（LC）

野猪

野猪是世界性分布的中型哺乳动物，广泛分布于欧亚大陆除极寒和沙漠地带的广大地区。常出没于山林之中，在田间也可能见到它们觅食的踪影，你在野外有一定的概率会遇到它们。

野猪食性复杂，以植物为主要食物，同时食用几乎所有能够收集、捕获到的其他食物。野猪通常集群觅食，多为 6 ~ 20 头，甚至有超过 100 头的记录。和家猪不同，野猪通常具有两对较长的獠牙（雄性较雌性长），这也是强大的武器，以至野猪群体甚至能从成年豹口中抢夺猎物。

野猪的繁殖能力较为强悍，雌猪每胎可产仔 4 ~ 12 头，一些地区中处于繁殖旺盛期的雌猪，每年能够产仔两次。正是由于野猪这些特点，使得野猪的适应能力极强、分布范围极广。

但即便野猪具有如此的适应能力，历史上在英国、瑞典、挪威、埃及、利比亚都曾经由于人类的捕杀而有过区域性灭绝。在美国，本没有野猪，那里的野猪主要是野化的家猪，体型更加硕大，也常有被猎杀的记录。

相比其驯化的养殖家猪，其实猎杀野猪或者野生家猪会存在一些安全隐患。它们容易携带多种寄生虫和病菌，包括但不仅限于鄂口线虫、猪毛首线虫、鼠疫杆菌、布鲁氏菌、狂犬病毒、猪瘟病毒等。

最后值得一提的是，野猪已于 2000 年列入国家"三有"保护动物，受到法律的保护，因此私自捕捉野猪不仅可能对自身及他人造成伤害，更是一种违法行为。但由于野猪时常会闯入农田觅食，对生产造成一定影响，如何处理既能达到保护生产的目的，又能减少疾病在野生动物和人群中传播的风险，是一个值得讨论的问题。（魏昊凯）

野猪

物种档案

拉丁学名：*Capreolus pygargus*

别　　名：狍子、西伯利亚狍、矮鹿

体　　型：体长 0.9 ~ 1.4 米

食　　性：植食性

分类地位：哺乳纲 偶蹄目 鹿科 狍属

分　　布：从我国中部、北部至蒙古国、
　　　　　俄罗斯西伯利亚、日本、
　　　　　韩国等地域

受胁等级：无危（LC）

东方狍

　　在我国北方生态保护比较好的林地，你有很大概率会遇到狍子。狍子也叫"矮鹿"，个子不高，体长大约 1 米多，体重 30 千克上下，雄鹿有一对短角，雌鹿无角。狍子在鹿类中算是比较原始的，但是分布非常广泛，遍布欧亚大陆从北部到中部的广大区域，是生存比较成功的鹿类物种。以高加索山脉为界，狍子分成两个类群，一边是欧洲狍（*Capreolus capreolus*），另一边则是西伯利亚狍（*Capreolus pygargus*），我国分布的都是西伯利亚狍，或者叫东方狍。但实际上，这两种狍的形态区别很小，行为也基本相似，只有专门的生物学家才能轻松地分清它们。

　　每年 4—5 月，狍子都要脱下冬装，换上夏毛，刚长出的夏毛是栗红色，然后逐渐转成沙黄色；而到了 10—11 月，则要换上厚重的冬毛，冬毛的颜色比较多变，有暗棕色，有煤炭灰色，还有介于这之间的颜色。但不管哪种体色，披上冬毛的狍子的屁股上总会有一片长白毛的区域，被称为臀斑。这块臀斑，被视为狍子"三傻"之一——坊间传说，狍子受惊，会先亮出白色的屁股，然后才会思考要不要逃走，是为狍子之第一傻。

其实，狍子亮屁股的时候还会大叫——这事确实有点喜感，但实际很可能是它在向周围的同伴通报有危险的情况。此外白色的屁股在逃跑的时候是很晃眼的，有一定的概率会让捕食者因为失去焦点而放弃。这块白斑也还有可能作为小鹿跟随母鹿行动的标志——每一种特征看起来背后都有很必需的道理，因此，不能因为这个就给狍子扣上"傻"帽子。

那第二傻呢？据说是狍子好奇心重，如果有人大喊一声"狍子"，它也要停下来扭头看看。还有，如果猎人开枪没有打中它，也不用急，过不了多久它就会自己颠颠儿地跑回来看看刚才是什么弄出的响动。这

狍子

听起来简直就是傻到哭……实际上，作为食物链最底层的食草动物，狍子的警觉性是很高的。它之所以停下来的原因是要判断一下声音是从哪里传来的，好在接下来果断跑路。至于跑回来，则是因为狍子是有日常活动的领地和觅食区域的，它不回来，能上哪儿去？

至于第三傻，则是说狍子晚上见了汽车灯不会躲，等着挨撞……确实，现在很多动物都认识到了人类不好惹，但人类发展之迅速确实让它们没法立刻适应，车灯就是它们无法适应的事物之一。灯光强烈的车灯不仅会让狍子困惑，很多其他鹿类及野生动物也是一样的，在没有狍子的美国，倒在路上的是其他种类的鹿，至于澳洲，则是袋鼠了。

因此，用"傻狍子"来形容它们其实并不公平。作为一种原始的鹿类，狍子能够繁衍至今，并且占据了很大面积的分布地域，这足以说明狍子不仅没有那么傻，而且还相当适应欧亚大陆北方的环境。

兽类
MAMMALS

蒙原羚

物种档案

拉丁学名：*Procapra gutturosa*
别　　名：黄羊、黄羚、蒙古瞪羚、
　　　　　蒙原羚、蒙古原羚
体　　型：体长 1 ~ 1.50 米
食　　性：主要吃草，也吃少量树叶
分类地位：哺乳纲 偶蹄目 牛科 原羚属
分　　布：主要分布于中国、
　　　　　蒙古和俄罗斯
受胁等级：低危（LC）

蒙原羚体形纤瘦，四肢细长，是我国北方草原很有代表性的迁徙动物种群。它们一般在春秋两季随着气温和牧草的生长情况进行大规模迁移，移动的距离和范围很大。冬季，黄羊向南到达草场的边缘，迁徙途中主要是取食枯草和积雪，它们很耐饥渴，可以几天不饮水，春季，蒙原羚则向北迁徙，取食草原上逐渐丰沛的牧草。

蒙原羚

蒙原羚的运动能力很强，速度和耐力都很强，也善于跳跃，起跳垂直高度可超过 2 米，距离可达 6 ~ 7 米，借助地形时则可达 13 米远。牧民间甚至有"黄羊窜一窜，马跑一身汗"的说法——这表明至少马驮着人的时候，想要追上蒙原羚是很吃力的。这与它们是被捕食者有很大关系，它们的主要天敌是狼，后者不仅速度不慢而且以耐力著称。要想在狼口下生存，不跑得快怎么行？哪怕是刚出生的小原羚，也得为此做好准备，它们当下就能站起来，3 天以后就已经跑得比人快多了，两三个月的时候就足以完全跟上成羊的速度。可见草原生活的不易。

今天，草原上的狼已经不多了，人类活动是蒙原羚最大的威胁。自 20 世纪 80 年代以来，蒙原羚分布区显著缩小。由于蒙原羚种群数量持续下降，它已经被上调为国家一级保护动物。

为了保护蒙原羚，近年来我国做了许多努力，如设立国家级蒙原羚自然保护区，增加中蒙边界的野生动物通道数量，加大对盗猎分子的打击力度等。但这还不够，内蒙古境内蒙原羚的数量可能只剩几千头了。与藏羚羊处于苦寒的青藏高原相比，内蒙古草原的蒙原羚的处境比藏羚羊危险得多了，而且它们当前的数量更少，亟待加强保护。（王蒙）

分布于青藏高原的藏羚羊（*Pantholops hodgsonii*）

兽类
MAMMALS

物种档案

拉丁学名: *Pseudois nayaur*
别　　名: 岩羚羊
体　　型: 体长115～165厘米,
　　　　　尾长10～20厘米
分类地位: 哺乳纲 偶蹄目 牛科
　　　　　羊亚科 岩羊属
食　　性: 植食性
分　　布: 我国西部山地,以及
　　　　　周边国家的山地
受胁等级: 无危(LC)

岩羊

　　岩羊可能是我们最熟悉的野羊之一,其雄羊角可以达到60厘米长,但是如果认真观察就会发现,岩羊的角是向两侧弯曲的,不会向前后"打卷儿"。在它们的肚皮两侧有一条显眼的黑带,将腹部和背部的颜色区分开,你还可以通过它们那黑乎乎的前腿上显眼的白色膝盖将它们认出来。

　　不得不说,岩羊是绝对的登山大师,它们多栖息在海拔4000～5500米的山地或高原,善于在断崖和峭壁上攀登跳跃,绝没有恐高症,能够形成数十至百余只的群体。岩羊最基本的群体是母子群,也就是雌岩羊和一只幼崽组成的小群,有时候这个小群还包括上一年的亚成体,这样就组成了一个三羊小家庭,也可以称之为家群(family group)。在幼羊成年离开之前,家群都是比较稳定的。而岩羊的其他聚群就比较松散了,它们还能以全雌性、全雄性、雌雄混合等方式汇集成更大的群体,但是这些群体通常不稳定。相比那些依靠血缘关系聚集在一起的动物,岩羊更加包容，它们随时可以接纳新的成员，也不介意旧成员的离去。

　　岩羊会因为觅食、饮水或者休憩而聚集到一起，但是它们不时会解散成小群，或者与其他岩羊组成新的群体。此外，它们也会因为繁殖、迁徙而聚成相对稳定的群体，但是在繁殖期或者迁徙结束以后就会解散。当然，在繁殖期，雄性个体之间免不了会有所争斗，以决出优势等级的顺序。

　　在我国，岩羊属于国家二级保护动物，目前它们的状况还不错，但仍然偶尔会被不法分子盗猎。由于岩羊的生活习性，我们与岩羊的相遇，多半会隔着远远的悬崖。所以，如果你在有它们分布的山区，如果正好随身带了个望远镜，那就太棒了。

岩羊

物种档案

拉丁学名: *Capra sibirica*

别　　名: 亚洲羚羊、红羊、悬羊、喜
　　　　　马拉雅山羊、亚洲野山羊

体　　型: 体长 1～1.5 米

食　　性: 以各种杂草类为食

分类地位: 哺乳纲 偶蹄目 牛科 山羊属

分　　布: 国外分布于印度北部、
　　　　　西亚、意大利和蒙古等地，
　　　　　在中国分布于新疆和甘肃西
　　　　　北部、内蒙古西北部等地

受胁等级: 低危（LC）

北山羊

　　北山羊形似家山羊但体型较大，除了腹部和四肢内侧为白色外，通体呈棕红色或棕黄色，就连尾巴也呈棕黑色，也称红羊。

　　雌雄北山羊的头上都有角，雄羊的角更是极为发达，长度可超过 1 米。与盘羊不同，北山羊的角并不盘旋，而是向后弯成弧形，好像头顶上倒插了两把长长的大刀，非常威风，别具一格。在古代，北山羊的长如弯刀的角给古人留下了深刻的印象，在古代典籍和艺术作品中都有北山羊的记载和形象。甚至民间传说一群北山羊为了躲避雪豹的追捕，纵身掉下悬崖，中途用长长的角挂住突出的岩石，转而安全落地，北山羊还因此得了一个"悬羊"的别称。

　　北山羊角的前缘有明显的横棱，像年轮一样，每增长一岁就增加一个棱，随着年龄的增长，北山羊角也越来越长。较长的羊角在雌羊眼中是健康的象征，更容易受到异性的青睐。但是，雄羊之间还是要靠争斗来获取交配权，和其他的羊类似，它们也要靠撞角来分胜负。胜者获得交配权，败者则黯然离去。

和岩羊一样，北山羊善于攀登和跳跃。羊蹄像登山镐一样的构造，以及它们完美的重心控制能力，使得它们可以在仅有立锥之地的岩壁轻松攀爬。即使是雪豹，也只能靠偷袭捕猎它们，一旦北山羊群体攀上峭壁，就能摆脱雪豹的纠缠。

尽管北山羊生活的环境条件恶劣，但在20世纪60年代至80年代初，因为人类活动，北山羊的种群数量不断下降。现在，北山羊被列为国家二级保护动物。在加强对北山羊的保护与宣传后，种群已有所恢复。但盗猎北山羊的事件仍有零星发生，仍需提高警惕。（王蒙）

北山羊

兽类
MAMMALS

黄鼬

物种档案

拉丁学名：*Mustela sibirica*
别　　名：黄鼠狼
体　　型：体长 25～39 厘米，
　　　　　尾长 13.5～23 厘米
分类地位：哺乳纲 食肉目 鼬科 鼬属
食　　性：肉食性
分　　布：从俄罗斯中部到东亚
　　　　　广大的温带地区
受胁等级：无危（LC）

　　说起黄鼬的俗名"黄鼠狼"，这个黄身黑脸的家伙可是大名鼎鼎。在我国传统文化中，黄鼠狼可是位列仙班的存在，可以修成地仙，与狐狸、蛇、鼠并称为"四大仙门"，分别叫作黄门、狐门、柳门、灰门，有些地方则以刺猬算作白门，替换掉老鼠的灰门。那本吓得小朋友晚上不敢睡觉的《聊斋志异》可是讲了不少这些大仙们的故事。不过总体来讲，黄大仙是在明清时期才逐渐兴起的新门户，所以道行尚浅，能够在故事中以人身出现的不多，多数只是使用幻术或者模仿人类的行为而已。

　　黄鼬之所以能够产生这么多故事，最重要的原因就是它们经常在人们的周围活动，甚至生活在人们居所附近，在与人的相互作用中，逐渐产生了众多的传说。它们喜欢生活在洞穴中，但与民间传说不同的是，黄鼬并不喜欢群居的生活，它们有固定的活动区域，虽然彼此有区域上的重叠，但除了繁殖季节都是与其他黄鼬相互回避的。

　　黄鼬的主要食物是鼠类，也取食昆虫、蚯蚓、爬行动物和鸟类，偷鸡这事它们其实并不常做，只是偶尔为之，但是在有些地区，掏鸟蛋的事情确实没少干。在居民区，它们也会捡拾垃圾，它们也有在码头取食遗弃鱼虾的记录。

　　黄鼬通常在夜晚和晨昏活动，这恰恰增加了它们的神秘感。而且当黄鼬受到惊扰时会放出臭气脱身，这些臭气具有一定的致幻作用，这也许是黄大仙幻术法力的生物学来源。

冬季雪地中的黄鼬

豹猫

物种档案

拉丁学名：*Prionailurus bengalensis*
别　名：山猫、钱猫、石虎
体　型：体长 38～75 厘米，
　　　　尾长 17～31 厘米
分类地位：哺乳纲 食肉目 猫科 豹猫属
食　性：肉食性
分　布：亚洲的热带和温带地区
受胁等级：无危（LC）

　　豹猫可能是你最容易遇到的野生猫科动物了，它们是在亚洲分布非常广泛的猫科动物，从俄罗斯远东到印度南端，海拔 3000 米以下的各种类型的森林中都能见到它们的身影。它们也能够适应人类环境，如种植园和农田，它们还能在开阔的草原和荒漠生活。

　　豹猫的另一个有趣的地方就是，不同栖息地的豹猫看起来差距很大——体型和体色都有很大的差别。有观点认为它应该被拆分成很多不同的物种，但是分子生物学的研究不支持这个观点。它们在分子生物学上的差距很小，应该是视为同一个物种。

　　像多数猫科动物一样，豹猫不合群，是独居的动物。它们通常白天在树干、地洞、岩洞中休息，晚上出来活动。但也有一些豹猫没有特别明确的活动时间，似乎白天晚上都可以活动。

　　每只豹猫一般会占据几到几十平方千米的面积，平均大约 3 平方千米左右。豹猫的食物和家猫相当相似，它们以老鼠和松鼠等啮齿动物作为主食，也捕食鸟、蛇和蜥蜴。不过让人意外的是，豹猫除了会爬树，也喜欢水，擅长游泳，也会捕捉水里的猎物。因此，它们的主要活动区往往离水源比较近。

此外，有一点需要特别指出，豹猫生性机警，野性很足，虽然长得像猫，但是远没有猫那么驯服，因此如果你想把它领回家饲养，并没有想象中那么美好——它可是十足的野生动物，至于捡走豹猫幼崽之类的，则更是不应该了。现在，豹猫是国家二级保护动物，受到我国法律保护，同时也是《濒危野生动植物种国际贸易公约》附录 II（CITES II）中的动物，在国际贸易中受到限制。

豹猫

豹

物种档案

拉丁学名：*Panthera pardus*

别　　名：豹子、金钱豹、文豹、
　　　　　银钱豹、花豹

体　　型：体长 91 ~ 191 厘米，
　　　　　尾长 51 ~ 101 厘米

分类地位：哺乳纲 食肉目 猫科 豹属

食　　性：肉食性

分　　布：欧亚非大陆

受胁等级：近危（NT）

　　在人迹罕至的地方，你可能有机会遇到豹，它们主要分布在非洲、西亚和东亚等地区。大多数情况下，它们的皮毛上会有围成环状的斑纹，因此有时被人们称为"金钱豹"或"花豹"，但是它们的体色很多变，甚至有些豹的体色是纯黑的。

　　在虎、狮、豹和美洲虎四种豹属动物中，豹的体型最小，大的体重也只有 90 千克，甚至中东阿拉伯豹的有些雌性体重只有 17 千克。豹喜欢夜晚，也像虎一样，偷偷摸近猎物后发动突袭，黑豹在夜晚的森林中，简直就是动物们的噩梦。豹很爱爬树，它们爱在树上伏击，爱在树上吃饭、睡觉和犯懒，别的大型猫科动物可没有这种习惯。

　　相比虎，豹的生存环境更为多样，分布范围也更广，它们在森林和稀树草原最常见，但是在灌木丛和荒漠中也有活动的身影。在野外，豹对人的威胁远没有虎那么大，甚至有强壮的男人徒手战胜较小体型的豹的报道，这一点与狮和虎都不同。相对而言，豹对人类活动也更加适应，能够在其他大型食肉动物无法生存的环境中存在。但即使如此，它们在非洲的分布区域也减少了 37%，在其他地区的分布也大大缩小，在中东、爪哇和俄罗斯，豹已经处于"极危"状态，在我国情况也不容乐观。

为了保护它们，豹已经被收录于《濒危野生动植物种国际贸易公约》附录 I 中，禁止多数国家对其制品、活体进行贸易，同时，豹也是我国的国家一级保护动物，捕杀和贩卖豹和豹制品是触犯刑法的行为。

豹

兽类
MAMMALS

虎

物种档案

拉丁学名：*Panthera tigris*
体　　型：体长 1.4 ~ 3 米，
　　　　　尾长 72 ~ 109 厘米
分类地位：哺乳纲 食肉目 猫科 豹属
食　　性：肉食性
分　　布：亚洲的森林地区，
　　　　　但在很多地区已灭绝
受胁等级：濒危（EN）

　　近年来，随着我国东北一些地区生态的恢复，偶尔会有虎出没，甚至不时有车辆路遇老虎的报道见诸媒体。虽然虎已不可能如古代那样常见于山野，但偶然相遇，也并非没有可能，当然，这个概率极低，低到每一次都足以上新闻的地步。

　　虎是猫科动物中体型最大的物种，分为多个亚种，其中一些亚种的雄性体重可以超过 300 千克，因其身体上独特的斑纹，非常容易同这个家族的其他成员区分开。作为曾经在我国分布广泛并且几乎是最致命的食肉动物，在中华文化中出现了很多与虎相关的元素，它们是力量与威严的象征，也在传说中成了衬托英雄人物的道具。但是，负责任地来讲，健康成年人击败健康成年虎的概率并不大，目前还没有赤手空拳完成此壮举的真实人类英雄出现，武松打虎也只是小说情节罢了。因此，近距离接触野生虎是一种极为危险的事情，在有虎出没的林区，千万不要单独徒步行动，至少要以密闭的机动车辆作为出行工具。

　　然而，即使凶猛如虎，在人类资源开发的浪潮下，它们的分布范围也依然大大收缩，丧失了 93% 的栖息地，目前的栖息地主要集中在南亚、东南亚及西伯利亚地区，状态堪忧。在我国，只有限分布着虎的四个亚种。它们分别是分布在东北地区的西伯利亚虎，也叫东北虎；分布在云南边境的印支虎；分布在西藏少数地方的孟加拉虎；以及曾经广泛分布于我国东部、南部和中部的华南虎。现在，华南虎已经在野外灭绝了。

今天，尽管东北一些地区出现了虎的行踪，但总体来讲，虎在全世界范围内已经濒临灭绝。虎受到《濒危野生动植物种国际贸易公约》附录 I 的保护，也位列国家一级保护动物名单中，受到法律保护。

虎

灰狼

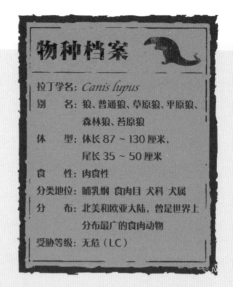

物种档案

拉丁学名: *Canis lupus*

别　　名: 狼、普通狼、草原狼、平原狼、
森林狼、苔原狼

体　　型: 体长 87 ~ 130 厘米,
尾长 35 ~ 50 厘米

食　　性: 肉食性

分类地位: 哺乳纲 食肉目 犬科 犬属

分　　布: 北美和欧亚大陆,曾是世界上
分布最广的食肉动物

受胁等级: 无危（LC）

　　在无人区的荒野或森林,遇到狼的概率是很大的,哪怕是一些有人活动的地方,偶尔也能看到狼活动的身影。从祖先开始,灰狼就是我们最熟悉的野生动物之一。由于我们的祖先不断与灰狼接触,无数关于狼的故事流传于世,也造就了灰狼在人类文化中的两面性。它既在传说中哺育了罗马城的创建者,也在童话世界里惦记着要吃掉小红帽……它们给我们人类文化打上了太多的烙印,时至今日,它们依然与我们朝夕相处,甚至就在你身边——狗,就是驯化的灰狼,你也可以管狗叫作"家狼",它们也是人类驯化的第一种动物,已经有超过 1 万年的历史。

　　就个体而言,狼并非最强大的食肉动物,但它们却拥有食肉动物中几乎最为广泛的生存空间。它们曾广泛分布于包括亚欧大陆和北美洲的北半球的陆地,生活环境囊括了草原、森林和荒漠,甚至在山地同样也能够见到它们的身影。狼因群体而强大。群体成员共同防御敌人、合作哺育幼仔、分工捕猎,使它们的生存能力大大提高。

在自然条件下，狼群更多的是以家群的形式出现，也就是一对配偶再加上它们的子女。通常，一对成年狼每年都会产下后代，而小狼大约在4个月大就能独立生活，再过几个月后就完全拥有了成年狼锋利的牙齿。但是，很多时候，它们仍然会和父母一同继续生活几个月到几年的时间，然后才会离开狼群，去组建自己的家庭。一般来讲，狼群的食物越丰富，可以捕获的猎物越大，这种关系维持的时间往往就越长。它们将在父母的调教下，逐渐成长为一头头真正成熟的狼。

狼群的大小会随着子女的离开而发生变化，这些离开群体的行为通常与领地食物资源的多寡有关。在食物丰富的时候，离开群体的狼很少，从而会形成三四代子女聚集在一起的大型群体。在冬季，它们也有可能会和其他狼群汇合聚集成更大的群体。目前，最大的群体记录是42只狼。

而影视作品和小说里动辄几百头规模的狼群，还是夸张了。即使在它们全盛的时代，应该也是不存在的。更大的群体需要首领具有更强的控制力，同时也需要更大的领地范围和更多的猎物，可以想象，成员数量越多，群体稳定存在的难度就越大。而当代，灰狼分布范围急剧缩小，数量也减少了很多，狼群规模更比原来小了不少。甚至有时就是两头成年狼带着一窝小狼的状态。算上小狼，能有十多头规模的狼群，已经算是很少见的大群了。它们更不会像作品中描绘的那样顶着子弹发起冲锋，密集的枪声足以将它们吓跑。

当然，这并不意味着狼群不可怕，时至今日，全球范围内仍有不少狼袭击人的报道。尽管狼和狗是同源同种，但你不能用狗来揣测狼，它们远非家犬可比。一旦狼发动攻击，通常都不会有所保留，它们倾向于致命性攻击，力争一次性解决对手，除非对手的体型大到无法一次杀死。它们通常会攻击对手的颈部和面部，根据视频记录，一旦攻击得手，它们能在 10 秒钟之内放倒一头和自己差不多大的狗。人如果面对狼，情况要比遇到同等体型的狗危险得多。因此，在野外，如果遇到狼群，请一定要保持安全距离，切勿轻易靠近或惊扰。此外，狼本身也是国家二级保护动物，受到国家法律保护。

两条正在争斗的灰狼

物种档案

拉丁学名：*Ursus thibetanus*
别　　名：月熊、月牙熊、狗熊、黑瞎子
体　　型：体长 1.2～1.90 米
食　　性：食性较杂，以植物叶、芽、
　　　　　果实、种子为食，有时也
　　　　　吃昆虫、鸟卵和小型兽类
分类地位：哺乳纲 食肉目 熊科 熊属
分　　布：分布于欧亚大陆的东部
　　　　　至日本等地的森林地带
受胁等级：易危（VU）

黑熊

　　在人迹罕至的野外，你有可能会遇到熊。在我国有棕熊（*Ursus arctos*）、黑熊（*Ursus thibetanus*）和马来熊（*Helarctos malayanus*）等，均为国家二级以上保护动物。棕熊分布于温带和亚寒带地区，从我国东北到西藏都有分布，它是最大的一种熊，产自美国阿拉斯加的棕熊体长可达 3 米，重 700 千克，杂食。黑熊分布更广，北自黑龙江南至海南岛及喜马拉雅山南坡，胸前有一"V"字形标志，杂食，但以素食为主，偶尔吃腐肉，但很少主动捕食，黑熊视力不大好，有时被叫成"黑瞎子"。但黑熊的嗅觉很灵敏。马来熊体型最小，约 1.2 米长，体重 45 千克上下，浑身乌黑油亮，胸前有一"U"形黄色纹饰，又叫太阳熊。马来熊很特殊，是一种热带、亚热带丛林动物，栖息在树上，白天在树上搭窝睡觉，晚上才出来觅食。这三种熊，除马来熊一年四季不愁吃喝，另两种只能靠天吃饭，春夏秋三季还能温饱，到了冬天，天寒地冻，只好减少活动，睡大觉了。

兽类
MAMMALS

棕熊

　　虽然熊看起来呆头呆脑的，似乎也不是很灵活，特别是动物园的熊差不多都学会了向游客索要食物什么的（但向动物投食是不对的），但是，在野外，熊是非常危险的动物，它们比你想得灵活多了。你跑不过它们，也打不过它们，体型较大的熊可以在几掌之内就将人打死。面对熊时，一定要保持安全距离，做出妥善行为，能不被它发现是最好的。

　　有一个流传了很久的说法，就是遇到熊以后，屏住呼吸装死。这能骗过"笨熊"吗？抱歉，不能！熊比你想象得要聪明得多。动物很敏感，感知也很敏锐，你骗不过它。而且，熊吃尸体吗？当然！

但是确实有人因为这个原因被熊放过了，原因无它，这种装死被视为一种示弱行为，如果熊不饿，它可能就会放人一马。而且相比直立姿势，熊确实更喜欢躺着的人——熊在进攻时会立起来，在它眼里，直立的姿势并不是一个友好的姿势。但面对装死的人，熊有可能会被激发起好奇心，这时候，装死的人得忍住、绷住，让熊摆弄一翻。如果装死就装彻底一点，不要半路跳起来，也不要突然睁眼，一旦真的吓到了熊，那肯定是会被攻击的。与其这样，还真不如迅速爬树，至少对体型庞大的成年棕熊和黑熊还是有用的，小体型的熊虽然会爬树，但是爬树算避让行为，只要它对你没兴趣，就不会继续追击。

黑熊

当面对猛兽时

通常，猛兽不会主动袭击人，也不会主动在人前现身。如果遇到了这种情况，并且你还有采取行动的机会，我们首先应该抱怨一句运气真差，然后再感恩一下起码它不是直接从背后突袭的。接下来自求多福就好了。至于某些人所说的用划铲动作给猛兽开膛破肚之类的，一定是影视剧之类的看多了。

不过，也有一些方法可以在一定程度上降低我们受到攻击的概率。我们首先要镇静，惊声尖叫或扭头就跑都不明智，前者会惊吓动物，后者则更不明智——大多数情况下，只要猛兽想追，我们是跑不过的，而把后脑勺暴露给人家，简直是太绝妙的引诱了。这是在扮演猎物，然后告诉猛兽，快来追我呀！

事实上，如果猛兽面对面出现在你的正面的话，从某种程度上是一种幸运，因为这常常代表着存在某种原因：比如你所在的位置离它哺育幼仔的巢穴过近，它是在警告你离开，这种情况下它通常会在离你一定位置的地方站定，然后做出威胁性动作，你只要镇定后撤就好。由于很多猛兽都习惯于在猎物身后攻击，我们能做的是调整好呼吸，平静地、缓慢地、面对着它向后退，不要显露出畏惧，而是一种平等的对手般的撤退。不要做多余的动作，任何无法理解的动作都将引起它的不安。千万不要反过来去轻易接近猛兽，缩小的距离会使它产生紧迫感和焦虑，容易引起攻击。

如果猛兽已经决定攻击，你可以根据情况选择战斗或者逃走，尽管两者的成功机会都不大。如果你身上带有食物或者其他物品，

在它已经朝你逼近过来的时候，你还可以再次尝试脱身——将食物或者物品抛向它，食物有很大概率吸引它停下来，物品则可以引起它的好奇心。一旦它被吸引，你就有脱身的机会。一些人在逃跑的时候一边跑一边往身后随手扔东西，也是这个原因。如果确实已经逃不掉了，不得不战斗，注意保护好喉咙和脖颈，可以试着攻击猛兽敏感的鼻子（但你有很大概率被直接咬住手），尽可能拖延一些时间等待救援，这是没有办法的办法。

亚洲象

物种档案

拉丁学名:	*Elephas maximus*
别　　名:	大象、亚洲大象、印度象
体　　型:	体长 4.5 ~ 7 米
食　　性:	植食性
分类地位:	哺乳纲 长鼻目 象科
	亚洲象属
分　　布:	亚洲热带和亚热带海拔
	1000 米以下的湿润地区
受胁等级:	濒危（EN）

　　在我国云南沧源和西双版纳的野外，你将有机会遇到亚洲象，陆地上排行第二的大型动物——体型最大的陆生动物是它们在非洲的亲戚，非洲草原象或者非洲丛林象。在更早的时候，亚洲象在我国的分布范围是更加广大的。据记载，商代时它们一度分布到黄河流域，但随着气候变化和人类活动，其分布范围逐步被压缩。现在我国境内仅存约 200 头亚洲象，为国家一级保护动物。

　　就如你所知道的，长鼻子的亚洲象非常聪明，它们也拥有细腻的情感，也正是因为如此，野象对人的态度可不太好，很多时候还抱有敌意。所以，你最好不要主动招惹它们。其原因是不断扩大的人类活动，象的栖息地被进一步压缩，双方积怨已深。在全球范围内，不论非洲象还是亚洲象，人和野象的矛盾都频繁爆发。

　　据报道，西双版纳勐腊县的勐醒农场就曾发生一起野象杀死女工的事件。据当地人说，这一带原本是"象窝子"，开垦后大象便开始攻击人类，而且还多次"发泄"，如把树上的胶碗拿下来踩入土中或把较小的橡胶树拔倒等，后来更是见人就追。此外，大象还取食人栽种的庄稼。过去是偶尔来吃，现在常是庄稼一成熟便来"收割"，非常及时。人们过去常用手电、火把驱赶大象，一来二去，大象不仅识破了这些小把戏，而且谁敢再拿出来吓唬它，立马冲上去追赶。为了

亚洲象

保护农田，世界自然基金会曾向西双版纳捐赠了80套电围栏，这种电围栏用太阳能充电，能在瞬间放电，但大象很快就研究透了这些设备，于是它们就推倒树木压坏围栏，或者用象鼻卷起树枝打砸围栏，还有的趁着雨天电压降低时匍匐前进钻过去，更有甚者，干脆忍受电击硬破围栏。在人象之间的相互斗争中，彼此的怨恨不断积累，矛盾不断加剧，大象甚至把这股怨气发泄到了人们搭建的草棚上，有些大象不仅要拆毁它，还非要把木料扔入河里才算罢休。

　　在这样紧张的人象关系下，双方相遇时能够保持克制就已经足够了，想要让野象亲近人，几乎是没有可能的。而且，雄象在发情期的时候也会格外暴力，攻击性很强。而且，亚洲象为国家一级保护动物，与大熊猫同级。因此，与野象偶遇，请一定保持安全距离，如双方有道路冲突时，请尽可能避让。

长江江豚

物种档案

拉丁学名：*Neophocaena asiaeorientalis*

别　　名：江豚、江猪、黑鼠海豚、
　　　　　扬子江豚

体　　型：体长 1.5 米左右

食　　性：以鱼类、虾类和软体
　　　　　动物等为食

分类地位：哺乳纲 鲸目 鼠海豚科
　　　　　江豚属

分　　布：长江干支流及其相连湖泊内

受胁等级：极危（CR）

　　江豚形状似鱼，生活在水里，但它确实属于哺乳动物，也就是兽类。长江江豚是一种只在我国长江流域部分水域存在分布的江豚，因此得名，而与江豚的相遇，往往只在一瞬间。

　　长江江豚的繁殖速度不快，需要历经 1 年的妊娠期才能生育下来一只江豚幼崽，而幼崽还要度过至少 6 个月的哺乳期，雌性幼崽达到性成熟甚至需要 6 年。尽管长江江豚的寿命较长，能够存活 20 年以上，但如此的繁殖速度导致其一生也无法繁殖几只后代。因此，总体来讲，江豚的数量不多。

　　尽管和鲸一样，江豚并不存在于中国的传统食物中，也很少被盗猎，但它们也会被一些不具有选择性的渔具，如滚钩、刺网和电鱼工具所伤害，甚至因此失去性命。许多江豚的标本，都带有这些渔具所留下的痕迹，可见其生活之窘迫。

　　除此之外，长江之中来往密集的船只，也会对它们造成影响。近些年来，长江江豚和船只碰撞的新闻时有发生，往往会造成它们的死亡。而非法采砂，抑或是排放污水、使用农药都会或多或少地伤害它们。在2006年洞庭湖一周内死亡五只江豚的事件，某些学者便推测是由于农药或污水造成的。不论是直接还是间接，不可否认，人类活动使得长江江豚的数量不断减少，生存面临极大的挑战。

在过去，我们在长江较大的支流之中也能看到长江江豚的身影，但如今，绝大多数支流中都再难见到它们的身影。而据学者在2008年估测，长江江豚种群数量的年下降率可能至少为5%。2018年农业农村部发布的数据更是表明，长江江豚仅剩下约1021头。而这其中长江干流约445头，

在江面上与长江江豚不期而遇

洞庭湖约 110 头，鄱阳湖约 457 头。惊心动魄的数字表明，长江江豚的数量已经少于野生大熊猫，已经极为危险。我国于 2017 年提出将长江江豚作为国家一级保护动物的提案，2021 年，长江江豚已经被提升为国家一级保护动物。

值得欣慰的是，人们对江豚的保护意识越来越强，而国家和相关组织付出的努力更是有目共睹，我国也能够小规模繁育长江江豚。当然，最关键的还是要保护野生江豚的种群，愿它们不会步白鱀豚的后尘。（魏昊凯）

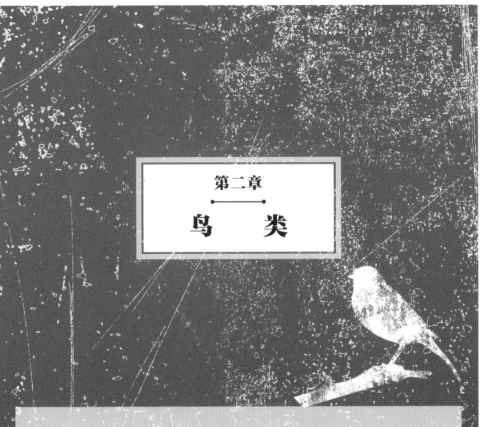

第二章
鸟 类

　　鸟类，可能是我们最常遇到的野生脊椎动物了，很可能就在现在，你的窗外，就有鸟类在活动。在这个世界上，大约有上万种鸟，在我国记录有超过 1000 种。多数鸟类都具有飞行能力，即使拖着大尾巴的雄孔雀，也是能飞两下的。鸟类体表覆盖着羽毛，前肢变成了翅膀，脚爪上一般没有羽毛，嘴巴变成了角质的喙，并且没有牙齿。就像它们的恐龙祖先一样，鸟类是卵生的，不过它们更加进步的地方在于，它们的体温是完全恒定的，这使它们具有了更加强大的运动和代谢能力。

鸟类
BIRDS

在整个动物界，除了一部分昆虫和少数哺乳动物，征服天空的就只有鸟类。而其他具有飞行能力的动物与鸟类相比，在这一技能上，都至少要逊色一筹。也正是得益于这样强大的运动能力，它们能够出现在世界的各个角落。鸟类同样也是分布最广泛的陆地脊椎动物，比如南极大陆没有哺乳动物，但那里有企鹅。

季节性迁徙是候鸟的显著特征。目前已知的迁移鸟类占到了鸟类物种数量的三分之一。每年秋季，有 187 种大约 50 亿只陆生鸟类离开亚洲和欧洲前往非洲，大约 200 种几乎同等数量的鸟类离开北美前往中美和南美，春季它们又会向北返回；同样，数以百万计的猛禽和水鸟也在进行迁徙。一些鸟类的迁徙距离会很长，如北极燕鸥（*Sterna paradisaea*）几乎是往返于南北两极，单程就要约两万千米，它们还要这样往返飞行二三十年。当然，这么长距离的迁徙，要想按时到达，得飞快点。

关于鸟类长距离迁徙的原因，众说纷纭，仍是一个没有完全解决的问题。有人认为，鸟类的迁徙与第四纪的冰川有关，这个假说认为，北方地区的一些鸟类本来全年生活在那里，但是由于冰河时期冰川的扩张，不得不向南迁徙，当气温较温和时，它们则重返北方繁殖。最终，演化出了这样的迁徙路线。也有观点认为这种路

74

线的形成与大陆板块漂移有关，由于板块的分离，动物的迁徙路线被逐渐拉长……确实，我们能够从鸟类的迁徙路线上看到其中的保守性，其中应该存在着某些历史原因。例如穗䳭（*Oenanthe oenanthe*）夏季在北极地区，每年都要穿越大西洋抵达非洲越冬，尽管其实在亚洲越冬更经济。在今天，这些保守的路线正面临着栖息地的破坏和盗猎者等的威胁，使得一些鸟类的数量急剧下降。

但是，这些带有历史原因的迁徙之路之所以能够保留下来，也说明了迁徙的鸟儿能从中获益。其中一个非常重要的原因，就是短时期内充足的食物资源及天敌威胁的降低。以北极地区为例，严酷的冬季限制了留守动物的规模，包括鸟类天敌的数量，这使得幼鸟被捕杀的概率下降。而夏日的气候非常适合草木生长，昆虫繁盛，为鸟类提供了足够的食物，由于光照时间较长，鸟类有充分的时间活动，有利于育雏。因此，这里是一个上佳的繁殖地。而随着秋季的到来，环境变得严酷，而这时候的雏鸟也已经长大，能够回迁到南方，并接受自然的洗礼。

相比那些迁移的鸟类，另一些鸟类始终生活在同一个地区，它们被称为"留鸟"。大量的留鸟生活在生存资源周期性波动的地区。对于这些鸟类，它们虽然免受迁徙的劳累与风险，却不得不面对诸如冬季等严酷环境的考验，并且发展出相应的适应性，比如储存过冬的食物等。

问题其实并没有那么简单，同一种鸟的不同种群，有时候也会表现出差异，如狐色带鹀（*Passerella iliaca*）的阿拉斯加种群在美国加利福尼亚的北部越冬，哥伦比亚北部的一些种群则前往俄勒冈越冬，而华盛顿北部、哥伦比亚南岸等地的狐色带鹀则完全表现出了一副留鸟的样子。白鹡鸰在我国也是类似的情况，它们是中北部广大地区的夏候鸟，但同时也是华南地区的留鸟。良好的环境及充分的食物资源也许会促使留鸟的形成。

总之，历经了无数岁月的演化洗礼，鸟类已经形成了自己独特又有效的生存策略，它们生存在我们的周围，是地球自然演化留给我们的宝贵财富，我们应该保护和善待它们。

物种档案

拉丁学名: *Passer montanus*

俗　　名: 麻雀、霍雀、嘉宾、瓦雀、琉雀、
家雀、老家子、老家贼、照夜、
麻谷、南麻雀、禾雀、宾雀、
厝鸟、家巧儿

体　　型: 全长约14厘米

食　　性: 杂食

分类地位: 鸟纲 雀形目 雀科 雀属

分　　布: 广布于欧亚大陆，我国各地均
有分布

受胁等级: 无危（LC）

树麻雀

　　树麻雀可能是我们最熟悉的鸟类了，也是我们这个名单中少有的目前看起来过得还行的动物。它们是相当适应人类城镇、村落的鸟类，雌鸟和雄鸟长相几乎一致，脸颊上具有标志性的黑斑，全国各地可见。

　　树麻雀是留鸟，你在一年四季都会见到它们。春季的时候，它们会结成繁殖对，两只鸟一起做窝。建巢的地点一般都比较靠近人住的地方，比如树上、墙洞等地方，建巢的材料也很杂，里面有干草、兽毛、线头、布片，甚至还有纸片，最后做成一个碗一样的窝，如果在树上做巢，往往还会有个盖子。雌鸟会在窝里产下 2 ~ 8 枚蛋，并且在 10 ~ 14 天内完成孵化。之后，大概在 15 天之内，小鸟就能离巢了。这样算下来，一对亲鸟大约 1 个月就能养成一窝宝宝。在温暖的南方，它们一年可以繁殖 4 窝，而在华北则最多 3 窝，到了东北就只有两三次了。这在鸟类中来说，也确实算是相当具有繁殖力了。

　　因为树麻雀主要吃种子等植物性食物，而且喜欢在粮食地里找吃的，所以在相当长的一段时间里特别招人恨，有了一个糟糕名字——"会飞的老鼠"。一些田地旁竖起的稻草人就是用来吓唬它们的，不过得给稻草人套件衣服或者塑料袋，一起风"呼啦呼啦"响，具有一定的震慑作用，不过时间久了效果也会降低。树麻雀的优点在于，虽然它们平时会偷粮食吃，但在繁殖期里喂养小麻雀的却是实打实的昆虫，而且你知道，一窝小麻雀的食物消耗量是非常大的，它们对农业害虫的控制作用其实很大。而在城市中，由于没有农田，只能取食草籽和昆虫，

枝头的树麻雀

它们就更谈不上危害了。因此，到了 1960 年，麻雀终于被移出了四害名单，替换的是名副其实的坏家伙，臭虫。

除了树麻雀，在我国还有 4 种麻雀，也都是"无危"状态。我国新疆等地有黑头顶的黑顶麻雀（*Passer ammodendri*）；我国极西部和东北的城镇和村庄有体型更加纤细、雌性体色更浅的家麻雀（*Passer domesticus*）；我国新疆西部还有一种不太常见的黑胸麻雀（*Passer hispaniolensis*），它拥有白色的眉毛和镶嵌着黑毛的胸部，非常容易识别；最容易和树麻雀混淆的是在我国东南、西南、华中和华南等地广泛分布的山麻雀（*Passer cinnamomeus*），它们的雌鸟尤其像树麻雀。不过，雌鸟在头侧面有一条浅色的"眼带"一

家麻雀雌鸟

家麻雀雄鸟

79

直延伸到后脑。至于雄鸟，那区别就大了，它的头顶和背上是鲜艳的红棕色或者黄褐色。它们经常成群地聚集在开阔的林地或者靠近耕地的灌木丛中，几乎不取食农作物，如果你

黑胸麻雀

看到这样不同体色的麻雀聚集成群，那就是雌雄异色的山麻雀了。

正在求偶的山麻雀，两雄一雌（叶峥嵘 摄）

普通朱雀

　　普通朱雀的雄鸟看起来相当漂亮，不过它的雌鸟就丑多了，甚至看起来有些土，这是典型的雌雄二态现象——雄鸟需要吸引雌鸟，因此进化得非常鲜艳，同时也承担了被捕食的风险，而雌鸟只需要保护好自己就行。

　　普通朱雀通常生活在海拔1000米以上的地方，向上可达海拔4500米，属于高海拔鸟类。但在迁徙的时候也可以在平原和低地见到。它们喜欢栖息于河谷的灌丛和针阔混交林中，不喜欢纯粹的松林，迁徙的时候在其他林地、公园甚至是居民区偶尔也能够见到。它们一部分是留鸟，另一部分则是候鸟，会发生季节性迁徙。就像多数迁徙的鸟一样，迁徙的路途往往是非常危险的。在世界范围内，普通朱雀因为羽毛漂亮、鸣声悦耳而被捕来作为笼养鸟，这对它们的生存是很大的威胁。

普通朱雀雄鸟

普通朱雀雌鸟

81

相遇Tips

如何救助动物

有些时候，我们与野生动物相遇时，它们的状态可能并不好，比如已经受伤，或者被陷阱困住，抑或是幼体遇到了麻烦，如此种种，需要我们对它们进行救助。

但是在对野生动物进行"救助"之前，你必须确认两件事情：第一，它们是否确实需要救助？第二，你应该怎样进行救助，是否有能力进行救助？

一些情况下，野生动物并不需要救助。比如一些动物的幼崽很可能正在父母的监视下探索世界，然后恰好遇到了你。你也许不能看到成年动物——因为你的出现，它们躲了起来，不敢出现。在这种情况下将幼崽抱走进行"救助"，差不多相当于明抢。而且受限于救助者的救助能力，后面等待幼崽的可能有一万种离奇的死法。事实上，哪怕将其送到相关的救助机构，也未必能够进行很好的照料。因此，遇到这种情况，首先应该确认亲兽等是否就在附近。这时候，应该拉开足够远的距离进行观察，能藏一下当然更好，看看在没有人出现的情况下，幼崽的父母是否会出现并将其带走。此外，注意千万不要触摸幼崽，一方面是人兽之间有可能互相传染疾病，另一方面则是一些野生动物对人的气味敏感，有可能造成亲兽不再接受幼兽。多数情况下，亲兽是会出现的，此时我们送上祝福，默默走开就好。

倘若是遇到从鸟巢中掉落的幼鸟，并且经过观察确认成鸟确实没有能力将幼鸟带回巢中，在确认鸟巢位置后，可以将幼鸟放回鸟巢中。不到万不得已，不要尝试将野生动物的幼体带回，能够将它们健康养大的人并不多，而且将来你还要面临被养大的动物过分依赖人，同时缺乏野外生存能力，无法放生的问题。

对于被困住的动物，要视情况进行救助。如果是大型动物，不管动物是否受伤，都建议联系森林公安或相关机构进行专业救助，至少要在专业人员的指导下进行救助。采取这一策略的主要原因是要防止在救助过程中造成对动物或者救助人的伤害。

如遇到非法盗猎等行为，在保证自身安全的前提下，有可能的话保留证据，确认自身安全后，直接报警。千万不要贸然行动，如上前制止或理论等，很多盗猎分子携带有致命性武器，以防造成人身伤害。如遇盗猎鸟类等小型动物的陷阱，如粘网等，为防止动物挣扎造成更大伤害时，可以报警后，确认不法分子确实没有在现场时，拍照或者录像取证后（包括宏观场景和细节照片），进行解救。解救粘网上的鸟类时，可以轻轻握住鸟类，然后直接剪断网线，不要用力扯拽，以防造成鸟类受伤。鸟类如未受伤，可将其带离陷阱区域轻轻置于地上，让其自行飞走，不要进行抛飞，以免造成伤害。

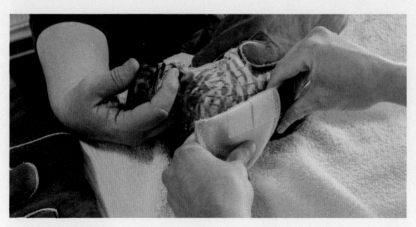

固定受伤雀鹰的翅膀

鸟类
BIRDS

物种档案

拉丁学名:	*Spilopelia chinensis*
俗 名:	珍珠鸠、花斑鸠、花脖斑鸠、鸪鸪
体 型:	全长 30 厘米
食 性:	杂食,主要植食性
分类地位:	鸟纲 鸽形目 鸠鸽科 朱颈斑鸠属
分 布:	我国大部分地区,国外广布于东南亚至澳大利亚等地区
受胁等级:	无危(LC)

珠颈斑鸠

　　院前庭外,珠颈斑鸠是最常见的"鸽子"之一,但它实际上是野生鸟类。珠颈斑鸠的分布地域一直从我国西南延伸到华北地区。斑鸠和鸽子的亲缘关系很近,两者确实并不太容易区分,不过总体说来,鸽子的体型应该比斑鸠大一号,斑鸠头的比例相对更小,嘴巴更为尖锐。此外,斑鸠的体色一般是灰扑扑的,而且羽毛不像鸽子那样带有金属光泽。如果从飞行的角度来说,斑鸠起飞的速度更快,而鸽子的起飞看起来慢悠悠的。

　　珠颈斑鸠还是很好认的:在它们的脖颈上可以看到一块黑色的区域,上面布满了珍珠一样的白点,就像一件很特别的装饰品,因此得名。珠颈斑鸠的体型在斑鸠中算是比较大的,但仍然会比鸽子稍微小一点。

　　珠颈斑鸠喜欢开阔的地方,比如草地和耕地,它们相对亲近人,往往会在村庄、住宅等地附近筑巢,在野外也能在山间的岩石缝隙中找到它们的巢。珠颈斑鸠的巢并不讲究,一些散乱的枝条围在一起就好了。然后就可以产下两颗蛋,孵出两只鸟宝宝。大概也正是因为如此,它们才会接受在高楼林立的城市中，在建筑物的窗台、空调机等处做巢吧？

珠颈斑鸠的主要食物是植物，而且特别喜欢谷物和豆类，比如水稻、小麦、玉米、绿豆、黄豆等，也取食杂草的种子。事实上，鸽子和斑鸠这个类群的鸟都比较喜欢谷物。大概也正是如此，鸽子才会被驯化吧？

就如家鸽一样，珠颈斑鸠也喜欢成群活动，但是群体通常比较小。并且它们会和山斑鸠（*Streptopelia orientalis*）在一起混群。后者也是常见的鸟类，不过珠颈斑鸠是留鸟，而北方的山斑鸠要南下越冬，是候鸟。两者的外形也很好区分，山斑鸠的脖子两侧不再是黑底白珠的图案，而是变成浅底黑纹。

珠颈斑鸠

　　珠颈斑鸠也会像多数鸟类一样停在电线上休息。由于单根高压线不构成回路，对我们来说挺可怕的电线对鸟来说是没有多大威胁的。除非，两条平行的电线被连在一起。电力工程设计的时候考虑过这个问题，电线之间的距离通常会超过鸟的体型。但是，珠颈斑鸠还是偶尔会出现触电的情况——那源于它们求偶的习性。当雄鸟求偶完成以后，它们会飞到雌鸟身旁，而在这时，假如它落到了另一条电线上，两只鸟往一起一靠……因此，在珠颈斑鸠活动频繁的地区，应该考虑加大平行电线之间的距离。

山斑鸠

物种档案

拉丁学名: *Syrrhaptes paradoxus*
别　　名: 沙鸡、突厥雀、寇雉、鸼
体　　型: 全长 26～43 厘米
食　　性: 植食性
分类地位: 鸟纲 沙鸡目 沙鸡科
　　　　　毛腿沙鸡属
分　　布: 自欧洲经中亚至我国
　　　　　北方的区域
受胁等级: 无危（LC）

毛腿沙鸡

　　在比较干旱的草地、半荒漠或者荒漠，你将有机会遇到毛腿沙鸡。虽然占了一个"鸡"字，但毛腿沙鸡和雉鸡类的亲缘关系相去甚远，倒是和鸠鸽类亲缘关系更近一些。它们广泛分布在欧亚大陆干旱的荒漠地带，与斑鸠一样，更倾向于取食植物性的食物。

　　在鸟类中，毛腿沙鸡的飞行能力不算强，但也比雉鸡类要强多了，它们通常不做长途飞行，而是做近地的短距离快速飞行。它们会到处游荡以寻找适合的栖息地，并且会因为水源而跋涉很远。它们在我国的新疆、甘肃、青海等地为留鸟，而在华北北部和东北地区则为夏候鸟，冬季在东北南部和华北南部及山东越冬，总体来讲迁徙距离不长。但广西南宁也曾有毛腿沙鸡冬候鸟的报道，这意味着它们也许会在更大范围内迁徙，目前关于这些毛腿沙鸡的迁徙路线和情况尚不完全清楚。

　　毛腿沙鸡在春夏季进行繁殖，通常在灌木、草丛等植被的掩护下筑巢，巢穴是比较简单的凹坑，只会偶尔垫上干草。这种鸟类有聚集成群的习性，因此筑巢的时候也往往聚集在一起，巢穴之间大约间隔数米。每巢中有

毛腿沙鸡

卵 2 ~ 4 枚，卵为赭石色，并带有深色的斑点。亲鸟轮流孵卵。

物种档案

拉丁学名：*Pica pica*

别　　名：普通喜鹊、欧亚喜鹊、鹊、客鹊、
　　　　　飞驳鸟、干鹊

体　　型：全长 36~49 厘米

食　　性：杂食

分类地位：鸟纲 雀形目 鸦科 喜鹊属

分　　布：除南美洲、大洋洲和南极洲外
　　　　　各主要大陆，在我国西北外
　　　　　的大部分省份常见

受胁等级：无危（LC）

喜鹊

　　喜鹊是居民区最常见到的大鸟之一，它们在高高的树上建造很大的巢穴，在小区、田野和旷野觅食。喜鹊很好识别，除了体型较大外，它们的肩羽和腹部都是白色的，翅膀上还带着一些蓝色，"喳喳"的叫声也很有辨识度。

　　在繁殖期，喜鹊通常成对活动，在冬季则有可能聚成小群。喜鹊与人之间的相处还算和谐。当然，它们的名声也很好，在我们的文化中，它们与喜庆的寓意联系在了一起，因此主动找喜鹊麻烦的人也比较少。当然，喜鹊的战斗力也不弱，找它的麻烦是有可能被"教育"的。

　　在我国有七夕时牛郎织女相会的说法，据说两个人就是踩着喜鹊搭成的桥去相会的。有意思的是，七夕之后出来

飞行中的喜鹊

活动的喜鹊看起来确实有点头秃，据传说就是牛郎织女相会的时候踩秃的。当然，这不是事实，而是因为这个时期喜鹊在换毛。换毛时的喜鹊飞行能力差，因此会躲在巢里不出来，当已经能保证飞行安全时，它们才会出来活动。而此时，换毛尚未完成，头还秃着呢。于是，这个自然现象便与民间传说产生了关联。

灰喜鹊（*Cyanopica cyanus*）与喜鹊不是同一个物种。在我国，它们主要分布于东北至华北的纬度范围内

物种档案

拉丁学名：*Corvus macrorhynchos*
体　　型：全长 50 厘米
食　　性：杂食
分类地位：鸟纲 雀形目 鸦科 鸦属
分　　布：西亚至东南亚，在我国西北外
　　　　　的大部分省份常见
受胁等级：无危（LC）

大嘴乌鸦

有句俗语，叫作天下的乌鸦一般黑，说明了乌鸦确实够黑，而很多乌鸦一直从嘴巴尖黑到了脚趾头。不过，这个黑色里面还有别的东西——如果以一定角度看，你可以从它们的羽毛上看到一点结构色的金属光泽。乌鸦是让人印象非常深刻的鸟。在古代，它们被称为玄鸟或者阳鸟，被看成是太阳的化身，而在中华文明的神话中，太阳本身则是一只三足金乌。

但是，这样的正面人设显然在后来崩了。唐代诗人李商隐感叹隋朝亡国的时候写道："于今腐草无萤火，终古垂杨有暮鸦"，用暮色与乌鸦来形容隋朝国破之后的衰败景象。这事就得赖乌鸦的习性

大嘴乌鸦

小嘴乌鸦

了。虽然乌鸦是杂食动物，吃虫的同时也吃植物的果实和种子，但是它们对尸体也感兴趣，会围拢过来大快朵颐。可以想象在古代它们出没于乱葬岗子的景象，特别是遇到天灾人祸、饿殍遍地的时候，又怎么不让人触景生情？它们另一个行为，就是喜欢在夜幕下聚群，特别是冬季，会集群落在一棵树上过夜。走夜路的人看到"暮鸦"，确实挺压抑的，再加上那不讨喜的叫声，后来乌鸦的名声变差，也就不难理解了。

不过其实乌鸦还是非常聪明的鸟类，它们的记忆力很好，学习能力也强，而且似乎挺有感情的。就拿乌鸦往杯子里放小石头来帮助喝水这事来说吧，虽然很多小故事都是假的，但这个是真的。实验显示，有相当多的乌鸦能够想到这个办法，往窄口容器中丢石子或者别的东西进去，抬高水面，以助喝水。事实上，它们可能会更加聪明，有研究显示，它们似乎还能够借助类似打手势的肢体语言与同伴沟通。

天下很大，乌鸦很多，虽然大多数乌鸦都是黑漆漆，但它们并不是只有一种。在我国，经常遇到的就有大嘴乌鸦、小嘴乌鸦、秃鼻乌鸦等，它们的分布地域还有重叠，越冬的时候还会混群，这就更加增大了识别的难度，因此如果只是观赏，不必刻意区分。总体来说，大嘴乌鸦和小嘴乌鸦可以通过它们的嘴识别出来，前者显然具有更粗大的喙，并且具有较大的弯度。而大嘴乌鸦的鼻孔附近长有长毛，因此可以和秃鼻乌鸦进行区分。不过，你最好不要距离它们太近，它们不仅有一定的攻击性，而且记性还很好。如果有兴趣观鸟，最好找个望远镜。

鸟类
BIRDS

斑嘴鸭

物种档案

拉丁学名：*Anas zonorhyncha*
俗　　名：麻鸭
体　　型：全长约60厘米
食　　性：杂食
分类地位：鸟纲 雁形目 鸭科 鸭属
分　　布：中国、东北亚、缅甸、印度
受胁等级：无危（LC）

　　河鸭类是经常见到的水鸟之一，它们是家鸭的祖先。河鸭类包括很多物种。目前，科学家认为家鸭很可能驯化自绿头鸭（*Anas platyrhynchos*）或者斑嘴鸭。绿头鸭是遍布欧亚大陆和北美的水鸟，雄

斑嘴鸭

鸟拥有闪亮的绿头颈和鲜明的黄嘴巴，非常容易识别，雌鸟则是鸟类中雌性非常常见的土棕色。斑嘴鸭的雌雄体色相近，除了颈部，都比较偏深褐色，但是它们有深色的嘴巴，嘴尖具有鲜亮的黄色，并且有一道棕色的纹路穿过眼睛，与它们较暗淡的体色形成鲜明对比的还有它们橙红色的脚掌，因此也不难识别。在东北地区，有时斑嘴鸭也会被称为麻鸭，但那并不是生物学意义上的麻鸭。

总体上说，各种河鸭类的生活方式都差不多……不，整个雁鸭类好像都差不多，它们同样是季节性迁徙的鸟类，同样共同哺育后代，并且会把幼鸟带到水里去觅食，也差不多吃同样的东西——它们可以接受植物的根茎、果实、种子或者谷物，也捕食水中的螺类、小鱼虾或者从水中滤食一些藻类等浮游生物。当然，有些物种会更偏重其中的某一类食物。

河鸭类借助植物的掩护，在水边做巢。以斑嘴鸭为例，它们在水边稠密的草丛中或者大草墩中做巢，巢穴大概像个草篮子，由芦苇或者其他草枝围成，内部垫上干草、苔藓及一些羽毛，然后再产下10多枚卵。这些卵会在大约20多天后孵化，并且在父母的看护下，赶在迁飞的时刻到来之前长大。

除了斑嘴鸭，常见河鸭类的还有绿头鸭、绿翅鸭、针尾鸭、赤膀鸭、赤颈鸭、赤麻鸭等，甚至偶尔还有翘鼻麻鸭、罗纹鸭等。几乎所有的河鸭类都至少属于"三有"动物，其中一些物种的野外种群情况并不乐观，如花脸鸭为国家二级保护动物。

鸟类
BIRDS

绿头鸭（冉浩 摄）

赤麻鸭（冉浩 摄）

在全球范围内，鸭类都是狩猎爱好者的目标，这其实对人对鸟都不是好事。其中，重要的风险来自甲型流感。野生水禽是自然界甲型流感病毒的主要携带者，从野鸭体内分离出来的病毒株可以在家鸭肠道内增殖，并且能够排出病毒，其粪便里的病毒在4℃下能维持30天的传染性，即使气温提升至20℃，其传染能力仍可以维持在7天以上。被其粪便污染的一些物品，亦均可成为传播源。这些流感病毒中，有一些毒株是可以感染人的，甚至能引发强烈的症状，其中一些有可能进一步人传人，而另一些则将人作为终末宿主，基本不会传给其他人，只限于密切接触禽类的人。因此，和野生鸭类密切接触其实是具有较大风险的。

物种档案

拉丁学名：*Anser albifrons*

别　　名：大雁、花斑雁

体　　型：全长 80 厘米左右

食　　性：主食各类植物，偶食少量软体
　　　　　动物、昆虫

分类地位：鸟纲 雁形目 鸭科 雁属

分　　布：主要分布于欧洲、俄罗斯、蒙
　　　　　古、美洲、西亚和我国多地

受胁等级：无危（LC）

白额雁

　　天空飞行的大雁非常引人注目，事实上，我们和它们的相遇可以追溯到很久很久以前，自古以来也多有描绘大雁的诗句。不论是表达思乡之情，或是抒发高尚情操，抑或是其他原因，中华文化和大雁的关系密

白额雁为国家二级保护动物

鸟类
BIRDS

不可分。但大雁并不是一种鸟类，而是雁亚科各个物种的通称，我国常见的雁有鸿雁（*Anser cygnoides*）、豆雁（*Anser fabalis*）、灰雁（*Anser anser*）、白额雁（*Anser albifrons*）等。目前普遍认为我国的家鹅是由鸿雁驯养而来。

　　大雁是一类迁徙性的候鸟，针对不同的地区而言，它们分属于不同的类型。若大雁在冬季前迁徙到温暖的地区过冬，那么这些大雁就是这些地区的冬候鸟。与此相反，若是大雁冬季结束后去往北方地区繁殖后代，这些大雁便是这些地区的夏候鸟。而对于在迁徙过程中经过的地区，这些大雁都属于旅鸟。大雁对栖息地的要求较高，通常为环境良好且人迹罕至的湿地。（魏昊凯）

鸿雁为国家二级保护动物（冉浩 摄）

物种档案

拉丁学名：*Cygnus cygnus*

俗　　名：鹄、黄嘴天鹅

体　　型：全长约 1.4 ~ 1.65 米

食　　性：杂食，偏向植食性

分类地位：鸟纲 雁形目 鸭科 天鹅属

分　　布：欧亚大陆北部及环北极地区

受胁等级：无危（LC）

大天鹅

《史记》记载中，秦朝陈胜有一句非常著名的话："燕雀安知鸿鹄之志"，里面的"鸿鹄"并非一种鸟，其中的"鸿"是指上文中提到的大雁，而"鹄"指的就是大天鹅。这是一种浑身雪白的漂亮大鸟，它的喙分成黄白两色，喙前部是黑色的，颜色不覆盖其鼻孔，基部则是黄色的。而和它比较相似的小天鹅（*Cygnus columbianus*），体型相对较小，喙黑色的范围也更大，甚至超过鼻孔。两种天鹅有时候会混群。由于两者比较相似又经常一起活动，很难区分，有时候两者会被混淆。

大天鹅也是迁徙性的鸟类，它们在西伯利亚和环北极地区等区域度夏繁殖，而到更南的地方越冬，其繁殖地包括我国北部和东北地区，越冬地包括我国中部和南部地区。由于它具有迁徙的特点，在我国大多数省份的某些特定时间，都有机会在湖泊等水域遇到它们。尽管大天鹅黑色的脚掌也算粗壮，但是它们的体型还是

大天鹅

太大了，在岸上活动比较吃力。因此，在不飞行的时候，它们基本在水域活动，主要的活动时间都在水面上。相比欧洲的疣鼻天鹅，大天鹅要安静得多。

大天鹅主要取食水生植物的茎叶和种子，偶尔会取食软体动物、水生昆虫和蚯蚓。强有力的喙能够帮助它们将水底淤泥里的食物挖掘出来吃掉。

尽管在世界范围内，大天鹅和小天鹅的受胁等级被评估为"无危"，但它们在我国的情况并不十分乐观，中国濒危动物红皮书将大天鹅列为"渐危"，将小天鹅列为"易危"，两种天鹅都被认定为国家二级保护动物。

小天鹅

白骨顶

　　白骨顶是一种中型游禽，看起来像小野鸭，常在开阔水面上游泳。它们分布范围很广，遍布欧亚大陆，非洲北部和大洋洲也数量众多。在中国分布甚广，几乎遍布全国各地，北至黑龙江、内蒙古，东至吉林长白山，西至新疆天山、西藏喜马拉雅山，南至云南、广西、广东、福建、香港、台湾和海南都能看到它们的身影。

　　白骨顶的羽毛是全黑色或暗灰黑色，嘴巴和额头却是白色，这是它名字的由来。它们的趾间有蹼，帮助游泳，还能在漂浮的植物上行走。除了游泳，它们还擅长潜水，一天的大部时间都游弋在水中。它们喜欢有水生植物的大面积静水，在湖泊、水库、水塘、苇塘、水渠、河湾和深水沼泽地带最为常见，近海水域也能见到。

　　白骨顶食性较杂，但主要以植物为食，其中以水生植物的嫩芽、叶、根、茎为主，还能潜水捕捉小鱼、昆虫、蠕虫、软体动物等。遇到危险时它们会潜入水中，或是进入旁边的芦苇丛和水草丛中躲避，但不久就会出来，危急时刻则在水面助跑迅速起飞，但飞不多远又落下，而且多贴着水面或苇丛低空飞行。

白骨顶总是成群活动，特别是迁徙季节，常集为数十只、甚至上百只的大群，有时也和其他鸭类混群栖息和活动。白骨顶是一夫一妻制，每年5—7月间是繁殖期。它们通过鸣叫吸引配偶，其他时候基本不会鸣叫。求偶成功后，雌雄鸟会共同筑巢，它们就地弯折芦苇或蒲草搭于周围的芦苇或蒲草上作基础，然后堆集一些截成小段的芦苇和蒲草即筑巢完毕，巢就像一个浅浅的碗，虽看起来简陋，却能随着水面而升降。每对白骨顶都有自己的领地，这是它们取食、休息和哺育幼鸟的地方。尤其是产卵以后，它们为了自己和幼鸟的安全，会警告和驱赶进入领地的其他动物。在雌雄亲鸟的轮流孵化下，24天后小鸟就出壳了，也是全身黑色，但头部是橘黄色绒羽，头顶及眼后有稀疏毛状纤羽，嘴和额红色，而且出壳后当天即能游泳。（王蒙）

白骨顶和幼鸟

物种档案

拉丁学名: *Gallinula chloropus*
别　名: 红冠水鸡、红骨顶
体　型: 全长约24～35厘米
食　性: 杂食
分类地位: 鸟纲 鹤形目 秧鸡科 水鸡属
分　布: 欧亚非大陆及南北美洲各地
受胁等级: 无危（LC）

黑水鸡

　　黑水鸡的长相比较奇特，在水里游泳的时候，看起来形如野鸭，但是如果它上岸走两步，你就会发现它这个造型挺违和的，似乎有点像鸡？大概就是这样才有了黑水鸡这个名字。然而，它其实是鹤形目的秧鸡类动物，只是碰巧长得有点像鸡罢了。

　　黑水鸡生活在长有挺水植物的淡水湖泊、湿地的附近，喜欢借助高高的植物丛来掩藏自己的行踪。它们善于游泳也善于潜水，在遇到危险时甚至能一下子扎进水里，然后用爪子抓住水底植物的根茎，从而将自己隐藏起来，必要的时候只稍微露出鼻孔进行呼吸。相比水性而言，黑水鸡的飞行能力就没这么优秀了，它们飞行缓慢，通常只作短距离飞行，但也还说得过去，毕竟一部分黑水鸡是进行季节性迁徙的候鸟。还有，它们在陆地上跑得挺快。

　　黑水鸡主要为植食性，但也取食小鱼、小蛙、水生昆虫、蝗虫和螺蛳等。

　　在春夏两季，黑水鸡进入繁殖季节，雄鸟会建立领地，通常为单配制，也就是一只雄鸟和一只雌鸟组成繁殖对，并且这种关系可以维持几年。但少数情况下会出现1雌2雄、1雄2雌和1雄多雌的情况。黑水鸡雌雄两性共同营巢，并用芦苇、细枝等做成碟形或杯形的巢，巢高出水面或者浮在水面上，偶尔会把巢做在树上。每窝通常产卵 5～8 枚，雌鸟和雄鸟轮流孵卵。幼鸟的独立生活能力很强，是早成鸟，它们从孵出的第 3 天就能游泳，第 8 天就会潜水了。

不过，纵然黑水鸡生存能力强大，被称为"水陆空三栖鸡"，仍然逃不过捕猎和陷阱。它们已被收录进入"三有"动物名录并受到保护。

黑水鸡

物种档案

拉丁学名：*Amaurornis phoenicurus*
俗　　名：白腹秧鸡、白胸秧鸡、白面鸡
体　　型：全长约30厘米
食　　性：杂食性
分类地位：鸟纲 鹤形目 秧鸡科 苦恶鸟属
分　　布：印度、斯里兰卡至我国南部及
　　　　　东南亚地区
受胁等级：无危（LC）

白胸苦恶鸟

　　白胸苦恶鸟是中等体型的涉禽，它们的身体黑白分明，相当容易辨认。它们在发情期和繁殖期的清晨和黄昏时会发出"苦啊苦啊"的大叫声，非常吵闹，这大概也是它们名字的来源吧。

　　白胸苦恶鸟生活在有水的环境里，也许是沼泽，也许是池塘，抑或者是稻田边，偶尔也能在有水域的公园中见到。总体来讲，白胸苦恶鸟还是比较能适应人类环境的，也不像某些鸟类那样行踪隐秘。

　　白胸苦恶鸟是杂食性鸟类，但更加偏向于肉食，它们取食环节动物、软体动物、昆虫、蜘蛛和小鱼，也吃一定量的水生植物的种子和根茎，一些解剖研究显示部分白胸苦恶鸟会取食一定量的粮食。

　　白胸苦恶鸟也是单配制的鸟类，并至少在繁殖季节维持着这一关系。在繁殖季节，它们具有明显的领地意识。它们在灌丛、高草丛等能够起到掩护作用的地方做巢，巢比较精致，常由水草编织而成，内部还垫有羽毛、干草或者植物纤维等物。巢穴通常会高出水面半米以上，有些巢穴离水面的直线距离还挺远。它们会在巢穴里产下5枚左右的卵，然后雌鸟和雄鸟轮流孵化，刚孵化的幼鸟浑身都黑色，由亲鸟带领着觅食。

在我国，一部分白胸苦恶鸟是留鸟，另一部分则是候鸟。如在安徽、江苏、浙江和贵州等地是它们夏候鸟，而在福建、台湾、广东和海南等地，它们则是留鸟。

白胸苦恶鸟属于"三有"动物，受到保护。但近年来白胸苦恶鸟的数量仍在持续减少，一方面是栖息地的衰退和破坏，另一方面则来自人为干扰，给维持种群带来很大的问题。

白胸苦恶鸟

物种档案

拉丁学名：*Grus monacha*
别　　名：锅鹤、玄鹤、修女鹤
体　　型：全长约1米
食　　性：杂食性
分类地位：鸟纲 鹤形目 鹤科 鹤属
分　　布：俄罗斯东西伯利亚、蒙古
　　　　　至我国小兴安岭及韩国、
　　　　　日本等地区
受胁等级：易危（VU）

白头鹤

　　一提到鹤，我们脑海里首先浮现出的是丹顶鹤优雅挺拔的身姿、洁白的羽毛和鲜艳的头顶，但与丹顶鹤相比，白头鹤体型娇小，是最小的鹤。它的眼睛附近为裸露的红色皮肤，额和两眼前方有较密集的黑色刚毛，从头到颈是雪白的柔毛，身体其余部分体羽都是石板灰色。尽管白头鹤没有显眼的颜色，但体态窈窕婀娜加之天生白头，酷似修女的"黑袍白巾"，所以白头鹤还有一个"修女鹤"的称号。

　　每年的4月，俄罗斯远东地区（东西伯利亚）的森林湿地及我国小兴安岭地区就会由于白头鹤的回归变得热闹起来，从到达繁殖地开始，占据领域、驱逐其他同类个体（包括被成鸟带回繁殖地的上一年的幼鸟）、交配、筑巢、产卵；而不参与繁殖的未成年白头鹤组成大小不等的群体，在繁殖地边缘或迁徙路线上的合适地点游荡。到了夏季，食物丰富，幼鸟快速生长起来，跟随父母学习飞行技能。

　　9月，白头鹤就会聚集起来，开始向越冬地的迁徙飞行。到了12月，最拖沓的白头鹤也都到达了越冬地，80%以上的种群分布于日本南部的出水市，其余则分布在韩国和我国长江中下游地区。这个时期食物匮乏，它们主要取食未翻耕农田内遗留的农作物、植物根茎或冬芽等。它们的活动范围很小，而且多集成大群，面临着严寒和疾病的威胁。当地采取投放谷物等方法来帮助这些白头鹤顺利越冬。直到来年 3 月，它们才离开越冬地，踏上归程。

白头鹤对湿地的依赖性非常高。这种鸟类只有在有湖泊、河流、沼泽的地带才能长期生存繁衍。算不上强大的它们，也需要芦苇、灌木丛或是树林作为隐蔽的屏障。由于湿地的减少和环境的恶化，今天白头鹤已经不再像以前一样那么常见了。我国将其列为一级保护动物，IUCN 评估其生存状态为"易危"。（王蒙）

白头鹤

大白鹭

　　大白鹭的体型较大，颈部也特别弯曲，有意思的是它的喙——在繁殖期会变成黑色，而过了繁殖季则会变回黄色。而大白鹭的腿和脚趾的颜色比较稳定，一直是黑色的。

　　大白鹭也是水鸟，它们喜欢湿地环境，如湖泊、沼泽、河流及稻田。它们主要以鱼虾、蛙类、螺类和昆虫类为食，为肉食性鸟类。在觅食时，它们多数时间处于静止或者缓慢移动的状态，从而让猎物放松警惕，待猎物进入攻击范围后，迅速啄击。这是很多鹭类和鹳类常用的觅食手法。

　　大白鹭常常与白鹭、池鹭等混群，在高大的树木上做巢，或者借助高高的芦苇丛的掩护来做巢。大白鹭是单配制的，至少在繁殖季节它们会稳定维持这种关系，在更长时间内的情况则尚不明确。大白鹭每巢产卵3～6枚，通常为4枚，卵壳呈天蓝色，非常漂亮。孵卵时，雌雄大白鹭共同承担，经过大约25～26天，幼鸟破壳而出。大白鹭的两只亲鸟共同哺育幼鸟，幼鹭4～6周后可离巢活动。秋季前往越冬地。

今天，大白鹭的生存也正在受到威胁，栖息地的减少和人类活动都对它们造成了影响。好在，它们至少被列入了"三有"动物名录，近些年对大白鹭的保护有所加强，它们的种群数量稍有恢复，但仍需继续努力，否则很容易就会断送之前的成果。

大白鹭

白鹭

　　白鹭全身羽毛洁白如雪。胸、腰侧及大腿的基部生有一种叫作"粉𩨙"的羽毛，能够不停地生长，前端不断地破碎为粉粒状，能像滑石粉一样不断地将黏附在身体上的污物清除掉，以保证羽毛的整洁。在繁殖季节，白鹭枕部垂有两条细长的长翎作为饰羽，背和上胸部分披蓬松的蓑羽，繁殖结束以后均脱落。它们黑色的喙和腿都很长，但脚是黄色的，趾间有不发达的蹼。也有蓝喙、蓝腿的情况。

　　白鹭一般选择江海滩涂、沼泽地、湖泊等湿地环境作为栖息地，营巢于乔木或灌木上，也有在矮树下的草丛间筑巢的。它们以浅水中的鱼、虾等水生动物为食。白鹭喜欢集体活动，经常三五成群聚集在水边的浅水地带，或休息、或捕食。它们常常一脚站立于水中，另一脚曲缩于腹下，头缩至背上呈驼背状，长时间呆立不动。行走时步履轻盈、稳健，显得从容不迫。飞行时头往回缩至肩背处，颈向下曲成袋状，两脚向后伸直，远远突出于尾后，两翅缓慢地鼓动飞翔。晚上则成群回到林中的巢中休息。

　　白鹭在筑巢时需要同时兼顾来自地面和空中的捕食者，它们的巢一般位于乔木的中上部，筑巢材料主要为干枯或半干枯树枝和少量鲜枝、草茎。当白鹭营巢地点出现其他鹭鸟时，白鹭的巢位置一般低于其他鸟巢，比如，夜鹭、白鹭和牛背鹭三者之间有相互混居现象，一般夜鹭筑巢于树的近顶层，而白鹭和牛背鹭的巢则位于底层。

白鹭

　　4月下旬为白鹭的产卵期，每窝产卵3～6枚，卵为卵圆形，也有呈橄榄形和长椭圆形的，灰蓝色或蓝绿色。雌鹭产第1枚卵后即开始孵卵，孵卵期中，雌雄亲鸟白天轮流替换孵卵，夜晚雌鸟留巢静卧，雄鸟则伴于巢旁枝上栖宿。

　　历史上，白鹭在西北欧也很常见，这也使它成为捕猎的目标，甚至出现了一次宴会吃掉上千只白鹭的情况，这也为后来白鹭在某些国家消失埋下了伏笔。由于白鹭对栖息地的环境要求苛刻，即使有适合栖息的场所和丰富的食物，只要空气或水土有污染，它就会远走高飞，所以被国际环保组织誉为"环保鸟"。在我国，白鹭被列为"三有"动物。

　　现在，全球范围内白鹭受到多种因素的威胁，它们的栖息地正在持续减少，此外农药、化肥、重金属污染及不合理的旅游开发等都是重要影响因素。（王蒙）

物种档案

拉丁学名：*Nycticorax nycticorax*
别　　名：夜鹭、灰洼子、夜洼子、
　　　　　星雁、暗光鸟
体　　型：全长 40 ~ 65 厘米
食　　性：杂食，偏肉食性
分类地位：鸟纲 鹈形目 鹭科 夜鹭属
分　　布：分布遍及欧亚大陆、非洲、
　　　　　整个美洲大陆及东南亚等地
受胁等级：无危 (LC)

黑顶夜鹭

　　夜鹭，也被称为暗光鸟，顾名思义，它是夜行性动物，白天较为安静，一般缩颈长时间站立不动或梳理羽毛。它的颜色和站姿与企鹅有点相似，以至于在我国台湾曾出现过"指鹭为鹅"的乌龙事件。

　　夜鹭主食蛙类、小鱼、虾等水生动物，偶尔吃一些植物性食物。它的繁殖期是 4 ~ 7 月，通常筑巢在各种高大的树上，而且雌雄亲鸟共同参与筑巢，一般每窝产卵 3 ~ 5 枚。卵的颜色为蓝绿色，十分美丽。雌鸟孵卵，孵化期大约为 20 天。孵化出来之后，经过 30 天左右，幼鸟就可以独立飞翔了。

夜鹭

　　夜鹭对维持湿地的生态平衡具有重要意义，目前被列为"三有"动物。
（苏朋博）

相遇Tips

带上你的望远镜

成群的飞鸟可谓是非常壮观的景色，特别是在大批候鸟过境的时候。如果你愿意与它们亲密接触，就请带上望远镜，去野外观鸟吧。我们会在其中找到很多乐趣。事实上，观鸟人的守护在某种意义上提高了鸟群的安全性，至少盗猎者要因此而束手束脚，在鸟类保护上是有积极意义的。观鸟人的照片和记录，也为鸟类研究提供了宝贵的资料。

我们去野外观鸟，首先要保证自己的安全，最好结伴而行。

观鸟最基本的守则是不要打扰到鸟类的生活。因此，我们必须选择合适的位置，这个位置要离观察目标有足够的距离。也不能因为观鸟活动而改变生态环境，比如移除掉影响你视野的植物等，更不能移除鸟巢的遮蔽物。为了吸引鸟类而人为播放鸟鸣声，也是不恰当的举动。事实上，所有的观鸟人都应该尽可能静悄悄地靠近鸟类，并且在安全距离以外进行观察。

我们也应该注意自己的着装，尽可能选择不太显眼的衣服，因为鸟类的视觉通常都比较敏锐，过于鲜艳的物体很容易被它们发现，会给它们造成比较大的精神压力。同样，为了避免惊吓到鸟，我们在拍照时应该尽量不要使用闪光灯。

此外，你需要提前做一些功课，主要是熟悉本地区常见的鸟类，以便在见到它们以后能够迅速辨认。为此，你应该准备一本观鸟图鉴。为了进一步了解这些鸟类，你应该积极和遇到的其他观鸟人进行交流，让他们带领你入门。绝大多数人都是非常热心的，

借助植物的隐蔽来观察鸟类

通过这样的交流，我们将不仅学到很多知识，也会拥有不少志趣相投的朋友。

鸟类
BIRDS

物种档案

拉丁学名：*Otis tarda*
别　名：地鵏、老鵏、独豹、野雁
体　型：雄鸟全长1米左右，
　　　　雌鸟全长不到50厘米
食　性：以植物为主的杂食性
分类地位：鸟纲 鹤形目 鸨科 鸨属
分　布：广布于欧亚大陆
受胁等级：易危（VU）

大鸨

　　大鸨，体形略似鸵鸟，但能飞翔，是世界上最大的飞行鸟类之一。雄鸟体长可达1米，体重10千克，雌鸟比雄鸟相对要小得多，平均体重3.5千克，是世界上雄鸟和雌鸟体重相差最大的鸟类。鸨名来自这样一个传说：古时有一种鸟，它们成群生活在一起，每群的数量总是七十只，形成一个小家族，于是人们就把它的集群个数联系在一起，在鸟字左边加上一个"七十"字样，就构成了"鸨"。这也印证了大鸨在我国的种群数量曾经是相当丰富的说法，甚至古代经常可见到几十只的大群。

　　大鸨是草原鸟类，栖息于广阔草原半荒漠地带及农田草地。大鸨十分善于奔跑，但它们的鸣管已退化，不能鸣叫。大鸨的食物很杂，主要吃植物的嫩叶、嫩芽、嫩草、种子及昆虫、蚱蜢、蛙等动物性食物。大鸨在维持草原生态系统的平衡中起到不可忽视的作用。

　　大鸨耐寒、机警、难以靠近。虽然它们多数时间都成群活动，但与其他动物不同，它们都是同性别、同年龄的个体凑一起形成群体。即使是在同一个社群，雌群和雄群也会相隔一定距离。

　　为了传宗接代，每年到发情期雌雄大鸨才会凑在一起相识、恋爱、交配。但大鸨恋爱期非常短，一旦交配完毕就各奔东西。至于哺育后代的重任，则完全由雌鸟承担。古人便因此误以为大鸨天生只有雌鸟没有雄鸟，它们没有固定伴侣、行为放荡，是一种能与任何雄鸟配对

大鸨（冉浩 摄）

成亲的"万鸟之妻"。"老鸨"因而后来成了古时妓院老板的别称。

尽管大鸨分布广泛，但在世界范围内其种群数量都普遍处于下降趋势。在欧洲和非洲北部的瑞士、苏格兰、瑞典、丹麦、荷兰、法国、希腊、突尼斯和阿尔及利亚等国都已经消失了，分布在东欧各国的也几近绝灭。

在我国，大鸨的栖息地也在逐渐丧失、退化，农药的使用导致大鸨中毒死亡事件时有发生。近年来大鸨数量已经变得相当稀少。如今，大鸨已被列为我国一级重点保护动物，并在全球范围内被《濒危野生动植物种国际贸易公约（CITES）》列入附录Ⅱ。进一步增加大鸨的保护力度，打击盗猎，势在必行。（王蒙）

石鸡

物种档案

拉丁学名：*Alectoris chukar*
俗　名：朵拉鸡、红腿鸡、嘎嘎鸡、
　　　　鹧鸪、美国鹧鸪
体　型：平均全长约 38 厘米
食　性：杂食
受胁地位：鸟纲 鸡形目 雉科 石鸡属
分　布：欧亚大陆中部及非洲南端，
　　　　我国见于中部和北部地区
濒危等级：无危（LC）

在我国北方的山间，你有很大的概率会遇到石鸡。石鸡是中等体型的鹑类，长得也算耐看，它们的翅膀上有黑色的条纹，脸上有一道黑纹穿过眼睛一直延伸到脖子上。作为广泛分布于我国北方的鸟类，石鸡成对或成群地生活在开阔的山区、草原及干旱的草地上，在森林中比较少见。由于石鸡会发出嘎嘎的叫声，很多时候只闻其声不见其鸟，在一些地方它们也被称为"嘎嘎鸡"。

石鸡的繁殖季节在 4—6 月，从 4 月下旬开始，雄鸟就已经开始鸣叫，偶尔会出现雄鸟之间的争斗。它们在石堆、灌丛、石下或沟谷间筑巢。与其他雉鸡类似，石鸡的巢穴非常简单，就是在土坑的基础上垫上干草和羽毛就可以了。石鸡 5 月开始产卵，一天一枚，每窝最终能够产卵 7～17 枚，少数能够达到 20 枚。随后雌鸟开始孵卵，雏鸟孵化后就能随着亲鸟活动。

石鸡是留鸟，不会迁徙，在我国北方的数量一度比较多。但是近年石鸡的数量已经明显减少，其中一方面是因为农业和畜牧业的发展，压缩了石鸡的生存空间，导致其栖息地的减少，另一方面则是因为不断增加的捕猎强度。但野生石鸡并未在国家保护动物的名录中，也不属于"三有"动物，因此，石鸡尚缺乏立法保护，短期内只能靠公众自觉，这是需要在未来的工作中进行完善的一点。

石鸡

鹧鸪

物种档案

拉丁学名：*Francolinus pintadeanus*

别　　名：中华鹧鸪、中国鹧鸪、
　　　　　越雉、怀南

体　　型：全长约30厘米

食　　性：杂食

分类地位：鸟纲 鸡形目 雉科 鹧鸪属

分　　布：印度东北部至我国南部
　　　　　及东南亚

受胁等级：无危（LC）

鹧鸪是一种有点像鹌鹑的鸟，浑身也是斑斑点点的，实际上也确实属于一种生活在丘陵地带的鹑类。鹧鸪比鹌鹑的体型略大，头顶中央是黑褐色的，周围围绕着红褐色的羽毛，这是它的一个重要识别特征。此外，雄鸟的眼睛下面有一条宽阔的白带，一直延伸到耳洞的位置。雌鸟则更显土气一些，缺乏那些明亮的白色。

在小说《鬼吹灯》中，有一个相当重要的人物，名为鹧鸪哨，他虽然不是主角，但也起到了贯穿全书的作用。这其中有一个非常重要的问题，就是作者为什么给这个人的名字在"鹧鸪"之后，加了一个"哨"字。其实这是有生物学和文化背景的。

鹧鸪的叫声虽然经常会被描述成"咕咕"声，但实际上听着挺让人揪心的，尤其是雄鸟求偶的时候，前面两声还凑合，后面几声简直就像被什么人捏住了脖子然后声嘶力竭一般……其结果，就是它的叫声被赋予了凄美的文化意象，不，应该是只"凄"，不"美"。就像唐代诗人徐凝在他的《山鹧鸪词》中说的那样，"尤有啼声带蛮语"——这鸟叫声挺惨，而且应该没说啥好话。

　　到了南宋代，这个富庶的朝代被北方反复蹂躏的时候，鹧鸪叫声的悲切意象则更加明确了。鹧鸪只分布在南方而不去北方（怕冷，喜欢晒太阳）的习性，则被认为是对南方的坚守，对北部的不屈。两个意象揉搓在一起，这种鸟类成了南宋文坛重点关注的对象。那位忠贞的爱国词人辛弃疾的名句"青山遮不住，毕竟东流去"后面跟着的就是"江晚正愁余，山深闻鹧鸪"。

正在鸣叫的鹧鸪雄鸟

121

灰胸竹鸡

物种档案

拉丁学名：*Bambusicola thoracica*

别　　名：华南竹鹧鸪、泥滑滑、山菌子、
　　　　　竹鹧鸪、普通竹鸡、中国竹鸡

体　　型：全长 27～35 厘米

食　　性：杂食

分类地位：鸟纲 鸡形目 雉科 竹鸡属

分　　布：我国南方，并被引入日本、
　　　　　夏威夷和阿根廷

受胁等级：无危（LC）

　　灰胸竹鸡是中等体型的雉鸡类，它们的样子不难看，整体呈落叶般的黄褐色，但是在胸口的位置有一大块灰色，因此而得名。由于它们主要分布在我国境内，因此也被称为中国竹鸡。

灰胸竹鸡

灰胸竹鸡分布于丘陵地带，活跃于阔叶林、混交林、针叶林、竹林、灌丛及山间农田等生境，尤其喜欢竹林，但并不依赖竹林生存。灰胸竹鸡喜欢以小群的形式活动，特别是在非繁殖季节更是如此。它们白天活动，晚上栖息在竹林或树林中，在寒冷的季节会聚集在一起取暖。

在繁殖季节，灰胸竹鸡为雄性占域求偶的方式，雄性之间互相排斥并划定领地，然后通过鸣声来吸引雌性交配，并形成一雌一雄配对。和其他雉鸡类一样，它们的巢穴是极为简单的土坑加干草的形式。它们通常在四五月份产卵，一巢大约 6 ~ 9 枚卵，多的可以达到 14 枚。之后，雌鸟承担孵卵任务，大约 16 ~ 20 天完成孵化，孵化后不久的雏鸟就具有了随成鸟活动的能力。灰胸竹鸡是雌雄共同育幼的物种，雄鸟算是比较负责的父亲。

灰胸竹鸡被收入了"三有"动物名录。

鸟类
BIRDS

物种档案

拉丁学名: *Tetrastes bonasia*
别　　名: 树鸡、松鸡、飞龙
体　　型: 全长 26 ~ 39 厘米
食　　性: 主要以植物的嫩枝、嫩芽、
　　　　　果实和种子为食
分类地位: 鸟纲 鸡形目 雉科 花尾榛鸡属
分　　布: 广布于欧亚大陆北部和中部，
　　　　　我国主要分布在东北地区
受胁等级: 无危（LC）

花尾榛鸡

　　花尾榛鸡生活在人迹罕至的原始森林中，雄鸟羽毛鲜亮华丽，在尾端有一圈黑色的斑纹，而雌鸟则没有雄鸟漂亮，雌花尾榛鸡羽毛为暗淡的烟灰色。它们的脚上有鳞，故而也被称为"飞龙"。其名称的另一个说法是由于花尾榛鸡主要生活在我国的东北地区，那里又是满族人民的聚居地，这种鸟在满语中被叫作"斐耶楞古"，对应汉语为"树鸡"，后来取其谐音，称为"飞龙"。

　　花尾榛鸡通常三五成群地活跃于松桦混合林及针叶林或灌木中。就像多数雉鸡类一样，花尾榛鸡不善于长距离飞行，但善于奔走。它们是昼行性鸟类，主要在地面觅食，夜间则栖息于树丛中。不过在大雪覆盖后的冬季，花尾榛鸡在树上活动的时间较多，但不在树上栖息，而是钻入地上雪窝里过夜，躲避夜晚的严寒。

　　在繁殖季节，雄鸟建立领域，排斥其他雄鸟，并常发生格斗。它们以一雄一雌的单配制为主。

　　花尾榛鸡在古代，一度是东北地区主要的狩猎鸟类，从清朝乾隆年间开始还把它作为岁贡鸟，进贡给皇帝作美味佳肴。尽管已经被列为国家二级保护动物，但由于森林砍伐和人类活动，从 20 世纪 70 年代中期到 80 年代中期，长白山的花尾榛鸡密度还是下降了 84%。而辽宁、天津北部和河北兴隆等地的花尾榛鸡则已经或者濒临灭绝。（王蒙）

花尾榛鸡

环颈雉

物种档案

拉丁学名：*Phasianus colchicus*

别　　名：野鸡、雉鸡、山鸡、
　　　　　七彩山鸡、雉

体　　型：全长49～87厘米

食　　性：杂食性

分类地位：鸟纲 鸡形目 雉科 雉属

分　　布：广泛分布于欧亚大陆，
　　　　　我国分布于大多数地区

受胁等级：无危（LC）

　　环颈雉也叫雉鸡，是我国最常见的鸡形动物之一。环颈雉也是雌雄二态的动物，雄鸟很漂亮，具有很长的尾羽，并且脖子上有一个白色的颈环，它的体长超过80厘米，雌鸟的体型略小，大约60厘米长，非常土气。当然，这种长相也是对雌鸟的一种保护。

　　环颈雉栖息在山地、草地等各种环境中，分布很广，但这并不意味着你很容易遇到它们。它们善于隐藏，能够在你发现它们之前躲伏在植物丛中。它们善于奔走，飞行能力不强，只有在实在躲不住了的时候，才会以近乎垂直的方式起飞，进行短距离飞行后，继续向植物丛中隐蔽。

　　环颈雉的食性比较杂，通常在春季以植物性食物为主，到了夏季等繁殖季节则以昆虫等作为主食，秋季取食植物的种子，也会到农田觅食。

　　它们的繁殖季节开始于3—4月，结束于6—7月，通常我国南北会相差大约一个月的时间。和其他雉鸡类一样，环颈雉在地面筑巢，一般会借助草丛、芦苇等植物的掩护。巢穴很简单，通常会产下6～14枚卵，一年孵化两窝。

环颈雉的主要天敌是狐、黄鼬、灵猫和鹰，当然，如果人也算的话，也是它的天敌。野生环颈雉以"雉鸡"之名已经被收录进了"三有"动物名录中，也是受到保护的动物。

环颈雉雄鸟

白腹锦鸡

　　白腹锦鸡为中等体形的雉类，雄鸟非常漂亮，具有长长的尾羽，而雌鸟则低调许多，整体呈现棕黄色，并带有黑褐色横斑，体型较小。这是典型的雌雄二态。民间认为这种鸟非常喜欢吃竹笋，所以有个俗名叫笋鸡。实际上，白腹锦鸡主要取食各种农作物、植物的种子等，也许偶尔会啄食鲜嫩的竹笋，但这可能并不是常见的行为，甚至有可能是一个误解——只因为它们喜欢在竹林活动。

　　白腹锦鸡主要栖息于海拔 1500 ~ 3000 米左右的亚热带常绿阔叶林及针阔混交林地带，常出没于灌丛矮树和矮竹林间，随季节变化有较明显的垂直迁移行为。除了 4 ~ 6 月的繁殖季节，其他时候白腹锦鸡都是成群活动，主要活动时间为白天，夜晚栖息于树冠隐蔽处。

　　白腹锦鸡是一雄多雌制鸟类。雄鸟会通过追赶和争斗占领领地，然后高声鸣叫以吸引雌鸟。它们把巢建在灌木丛、草丛或倒木和枯枝下的地面上，也有的在岩缝里，位置隐蔽，很难发现。不过，它们建巢的技术实在太一般了，非常简陋，基本上就是一个土坑里垫上枯草、羽毛，然后就可以产卵育雏了。通常，它们在4月上中旬开始产卵，每窝产卵5～9枚，最多12枚，1年繁殖1窝。

　　由于白腹锦鸡分布地的农耕地开垦日益扩大，森林面积日趋减少，白腹锦鸡的栖息环境受到了严重破坏，加之人类活动的进一步影响，白腹锦鸡的生存受到了比较严重的威胁。如今，白腹锦鸡已经是国家二级保护动物。（王蒙）

白腹锦鸡雄鸟

鸟类
BIRDS

物种档案

拉丁学名: *Chrysolophus pictus*
别　　名: 金鸡、山鸡、采鸡
体　　型: 全长 65～106 厘米
食　　性: 偏植食性
分类地位: 鸟纲 鸡形目 雉科 锦鸡属
分　　布: 我国的中部和西部
受胁等级: 无危（LC）

红腹锦鸡

　　红腹锦鸡是相当漂亮的林地鸟类，当然，既然是鸡，飞行能力算不上出色，常进行短距离的奔跑。它们的分布中心在我国甘肃和陕西南部的秦岭地区，陕西省宝鸡市就是因为盛产红腹锦鸡而得名。

　　红腹锦鸡喜欢吃虫子，但是主要还是植食性，取食植物的果实、种子、嫩叶等。它们白天在地面活动，晚上则栖息于较高的树枝上。像很多雉鸡一样，红腹锦鸡在冬季结成小群活动，但从春季开始群体解散，经过求偶后，在夏季单独或成对活动。

　　今天我国红腹锦鸡的活动范围已经比过去小了很多。至少在宋代时，黄土高原的气候仍然不错，存在森林，红腹锦鸡就活跃在林间。那里的古人应该非常熟悉这种鸟，传说中的神鸟、金鸡的原型很可能就是红腹锦鸡。另一个有趣的事情是，恐龙足迹化石的存在可能强化了这种认知。红腹锦鸡与家鸡三前一后的四根脚趾着地不同，只有前面三根脚趾着地，它的爪印就比家鸡少一根脚趾，这一足迹特征正好和兽脚类恐龙相似。很可能正是这个原因，当地人才把暴露出来的恐龙足迹化石当成了神鸡的脚印，也可能是两者的相互印证，当地人才会传说存在一个威力强大的鸡神——毕竟，恐龙脚印可比红腹锦鸡的脚印大了不止一两倍……而色彩艳丽的大型鸟类，常被视为森林之神或神灵的化身，在古代的神话传说中拥有凤凰的血统。

红腹锦鸡已经是我国二级保护动物。

红腹锦鸡雄鸟

野生动物不需要喂食

很多时候，遇到周围有鸟类或者小型动物活动的时候，我们总是忍不住想送点食物给它们。然而，这些行为通常是不合适的，除非在冬季等确实食物紧张的时候，可以在科学指导下适度投放食物和水。

人为投放食物所带来的首要问题是有可能造成野生动物食物结构的改变，进而引起其营养结构的改变，最终反映到动物的身体状态上，如出现肥胖或者其他现象或疾病。同时，这也会改变动物的行为方式，使得动物的野外生存能力下降，与人的互动过程中也有可能和人互相传染疾病——一些疾病对动物来说是隐性感染，但对人却可能造成严重的症状，反过来，一些对人并不严重的疾病，对动物也可能是致命的。

另一个重要的问题是，一些食物本身可能带来比较严重的问题。如食草动物需要摄入大量的粗纤维食物才能维持正常的消化功能，而人为的投食往往是低纤维、高淀粉食物，比如米面蛋糕等，偏偏这些食物对于它们来说又极有诱惑力，从而导致消化不良、腹胀等，严重的甚至引起死亡。还有食品包装的问题，塑料的包装袋有很大概率会被野生动物误吞，它们无法消化，会阻塞野生动物的肠道，进而导致死亡。而且，人类的加工食品往往具有高盐、高糖、高脂的特点，这些食品很容易引起野生动物的各种疾病。

此外，投喂方式也会是一个大问题。如在澳大利亚大火后，有人救助树袋熊，用水瓶给树袋熊喂水，引起呛水，进而引发动物死亡。这是一件非常遗憾的事情。事实上，正确的喂水方式应该是将水盛在盆子里，由野生动物自行取水。而直接用水瓶给动物喂水，极容易造成呛水并使水进入野生动物的肺部，继而引起死亡。

因此，当我们与野生动物相遇时，如非必要，不要轻易对它们喂食。如果确实必要，一定要讲究科学的方法，防止伤害野生动物。

鸟类
BIRDS

物种档案

拉丁学名：*Lophura nycthemera*

别　　名：银鸡、越禽、白鹇鸡、白雉

体　　型：雄鸟全长约120厘米，
　　　　　雌鸟全长约70厘米

食　　性：主要以昆虫、种子和果实为食

分类地位：鸟纲 鸡形目 雉科 鹇属

分　　布：主要分布于东亚与中南半岛，
　　　　　包括中国、越南、老挝、缅甸
　　　　　与泰国等地

受胁等级：无危（LC）

白鹇

　　白鹇是较为名贵的珍禽，它们羽毛素雅、体态优美、翎毛华丽，是林中仙子。又因为啼声喑哑，所以白鹇又被称为"哑瑞"。白鹇生性机警且常年活动于隐秘的树林中，在野外环境中很难发现。

　　雄性白鹇体型较大，羽毛虽以白色为主，但与其他颜色对比鲜明，还有较长的尾羽；雌性白鹇体型要小很多，通体呈橄榄褐色，尾羽较短。白鹇主要生活在中海拔地区的林地、浓密竹林或者灌木丛中。它们属于社群活动鸟类，通常成对或结成3~6只的小群活动，冬季有时集群个体多达16~17只，由一只强壮的雄鸟和若干成年雌鸟、不太强壮或年龄不大的雄鸟及幼鸟组成，群体内有严格的等级关系。群体中往往雄性个体较少，一方面可能与白鹇一雄多雌制的婚配制度有关，另一方面还可能与白鹇权衡捕食风险有关，雄性白鹇不仅体型较大而且羽毛颜色较为鲜艳，在栖息地中极易被发现，因此群体中减少雄性个体可能有利于降低捕食风险。

　　每年2—6月是白鹇的野外繁殖期，雄鸟发情时会一边围着雌鸟转圈一边不断左右摆尾，有时雄鸟还在雌鸟近旁做快速连续不断的蹲下、站起动作或伸展双翅做高频率、小幅度的激烈振翅动作，称为"打蓬"。白鹇筑巢于灌木丛、草丛、竹林间地面凹处，巢较简陋，主要由枯草、树叶、松针和羽毛构成。每窝产蛋 4 ~ 8 枚，由雌鸟抱孵，孵化期 25 ~ 26 天。雏鸟早成性，孵出的当日即可离巢随亲鸟活动。

在中国文化中，白鹇自古就是名贵的观赏鸟。《禽经》记载"似山鸡而色白，行止闲暇"，宋代李昉所畜养的五种珍禽中，白鹇被称为"闲客"。唐代诗人李白曾写下"请以双白璧，买君双白鹇。白鹇白如锦，白雪耻容颜"的名句。在清代，五品文官官服补子（绣于官员官服胸、背部的禽兽图案，以区分品级的标志）的图样便是白鹇，白鹇一直被视为忠诚的"义鸟"，用它的形象为补子，取其行止娴雅，为官不急不躁，无为而治，并且吉祥忠诚之意。白鹇被评选为中国广东省的省鸟，亦是哈尼族的文化图腾，现为国家二级保护动物。（王蒙）

白鹇雄鸟，近处为一只雌鸟（冉浩 摄）

鸟类
BIRDS

物种档案

拉丁学名: *Otus lettia*

体　　型: 全长20～27厘米

食　　性: 肉食性

分类地位: 鸟纲 鸮形目 鸱鸮科 角鸮属

分　　布: 喜马拉雅山脉西部至我国
　　　　　各省，特别是南部省份

受胁等级: 无危（LC）

领角鸮

　　领角鸮是一种小型猫头鹰。关于猫头鹰，我们应该是比较熟悉的，它也被称为鸮，是一类夜间活动的猛禽。猫头鹰捉老鼠是几乎家喻户晓的事情，它们在黑夜中行动，像阴云笼罩一般悄无声息。锐利的视觉、

领角鸮

敏锐的听觉、翅膀上的消音构造——一系列特化的身体结构帮助它们成为黑夜中的杀手。

由于没有牙齿，鸮类多数情况下会将猎物整个吞下，实在吞不下的，才会撕成块进食。大部分食物在它们的胃里被消化，但是那些不能消化的毛、骨头等，则会被压缩成无用的食团，再被吐出来。通过检查鸮类吐出的食团，我们就能知道它们都吃了哪些东西。结果显示，虽然猫头鹰偶尔也吃昆虫、蜥蜴和小型鸟类，但它们的主要猎物是鼠类，一只鸮一年可以消灭多达上千只老鼠，它们是抑制鼠类繁殖的重要力量。

一些鸮类的叫声不太好听，晚上悄无声息的活动也比较吓人，因而猫头鹰在我们传统文化中的意象可不怎么好，往往与不吉、死亡、幽灵等联系起来。但是，它们实际上是益鸟，不应该被嫌弃，此外，包括领角鸮在内的绝大多数本土猛禽都至少属于国家二级保护动物，受到法律保护。

鸟类
BIRDS

凤头蜂鹰

物种档案

拉丁学名：*Pernis ptilorhynchus*
别　　名：蜂鹰、东方蜂鹰、雕头鹰
体　　型：全长 52 ～ 68 厘米
食　　性：肉食性
分类地位：鸟纲 鹰形目 鹰科
　　　　　凤头蜂鹰属
分　　布：欧亚大陆北部及环北极地区
受胁等级：无危（LC）

　　凤头蜂鹰是东亚地区主要的迁徙性猛禽之一，它的迁移路线横越日本、我国的大陆和台湾、马来西亚直至菲律宾等地区。在我国，凤头蜂鹰分成了两个大群，一个属于分布在较东北地区的东方亚种，另一个分布范围较小，属于分布于四川、云南等地的西南亚种。两个亚种之间存在明显的地理分隔。

　　几乎所有的鹰类都属于国家二级以上保护动物，凤头蜂鹰便是国家二级保护动物。它们在枝叶繁茂的大树上筑巢，并且非常机敏。它们很少在原地长时间盘旋，在低空飞行时会尽量绕开人类活动区域。

　　不过，它们也有主动找人麻烦的时候。这种鸟，就像名字一样，喜欢蜂蜜、蜂蛹和其他昆虫，尽管它们有时候也捕食鼠类、蜥蜴等小动物，但是，它们还是喜欢蜂蜜之类的食物更多一点，它们有时候会去养蜂场偷吃。生性机敏的蜂鹰会先躲在树上隐蔽的地方观察，等养蜂人离开以后再进场觅食。有记录显示，原本是候鸟的它们，在 1970—1990 年的台湾竟然记录到了留鸟，而当时正是台湾养蜂业最鼎盛的时期……当然，这并不意味着它们会给养蜂业带来多大的损失。因为猛禽作为顶级捕食者和食物链的顶点，繁殖力是非常低的，它们的数量一直维持在很低的水平。

凤头蜂鹰的数量不多，有时候少量共同栖息于同一片树林，彼此之间的领地意识不强，偶尔会有几只一同飞行。但是，在繁殖季节，它们还是有一定的求偶展示和领地宣誓行为。

当前，与其他鸟类相比，猛禽的处境更加不利，由于它们位于食物链的顶点，农药、化学制剂和重金属污染最终会通过食物链富集到它们的身体里。这些污染物会影响猛禽的生殖能力和幼鸟的孵化率，使得本就较低的生育率更低。而猛禽的消失还意味着相当广大的区域失去了顶级捕食者，从而影响到整个区域的食物链。

凤头蜂鹰

鸟类
BIRDS

物种档案

拉丁学名: *Aquila chrysaetos*
别　　名: 金鹫、老雕、洁白雕、鹫雕
体　　型: 全长 78 ~ 105 厘米
食　　性: 肉食
分类地位: 鸟纲 鹰形目 鹰科 雕属
分　　布: 北美、欧亚大陆及北非
受胁等级: 无危（LC）

金雕

　　在广阔的草原和山地，你抬头望天的时候，有可能看到金雕或者草原雕，它们都是大型猛禽，是比鹰更加威武霸气的存在。除了体型更大，雕和鹰在外形上还可以看腿，一般鹰的腿是光秃秃的，而雕的腿则覆盖着羽毛，这也使它们看起来更加粗壮、有力。

金雕

金雕的体色为暗褐色，但是头后部到后颈的羽色较淡，略成金色；而草原雕通体为土黄色，头颈也是深色，翅膀下面还有不整齐的白斑。两者有时会在相同的地域活动，甚至有时会发生冲突。不过整体看来，两者实力差距不大，金雕略占优势。

相比草原雕，金雕捕食的范围更广，也能捕食到体形更大的猎物，它们的猎物主要有雉鸡、鸭、野兔、旱獭等，也取食尸体。金雕也采取苍鹰静待观察式的猎食方法，不过它们需要更开阔的觅食地，它们选择一棵大树或者高耸的山崖作为观察点，同时，它们也善于在高空翱翔寻找猎物。金雕的视力很好，它们的视力至少是我们人类的数倍，足以在高空锁定猎物。一旦找到目标，金雕便会转入猎物运动的轨迹方向，然后收拢双翅，贴地飞行，从后方袭击猎物。通常情况下它们单独猎食，但也有记录到群体觅食的情况，如1979年3月在东北曾记录到20多只金雕捕食狍子，但这也有可能是金雕聚集在一起分享已经死去的狍子尸体。

虽然金雕体形很大，但是它们仍不能把太大的食物带回巢，金雕中的大个子可以带走6千克多的食物，但仍不足以把一头大羊带上天空。但它们有可能袭击在山间行动的食草动物，制造出后者跌落山崖的结果。

与金雕是留鸟不同，一些草原雕有迁徙的习性。草原雕更喜欢鼠类、鸟类、蜥蜴等小型脊椎动物，也吃昆虫和腐肉。它们也会在天空寻找猎物，而且还有像猫一样守着鼠类洞口捕食的习性，等动物出来就一爪子摁住。

　　两种雕的后代同样是晚成鸟，雌雄鸟轮流孵化、守巢。金雕通常会一直使用同一个巢区，并控制这个区域的领空，直至配偶中的一方死亡，它们会建造很多个巢，然后会偏爱其中一个，或者轮流使用。因为在食物链中的级别较高，猛禽的数量都不多，繁殖力也差。因此，几乎所有猛禽都是国家二级以上保护动物，草原雕和金雕都是国家一级保护动物，我们应当自觉保护。

草原雕

第三章

爬行动物

　　尽管没有像哺乳动物和鸟类一样站在当今陆地脊椎动物舞台的中心，爬行动物同样也是很常见的陆地动物类群，它们拥有超过 3 亿年的历史。相对哺乳动物和鸟类，爬行动物的体温不恒定，但它们确实是第一类真正完全适应陆地生活环境的脊椎动物。它们产下羊膜卵，在陆地上孵化，不再需要借助水环境。它们的体表覆盖鳞片，有效防止了水分的散失。爬行动物可以生存在除了永冻地带之外的所有陆地环境，常见的爬行动物包括蛇类、蜥蜴、龟鳖等。

爬行动物
REPTILES

爬行动物以不同的姿态和生活方式适应着不同的生境，它们中的一些生活在水中，也有一些生活在地面或者树上。其中，一些爬行动物具有挖掘洞穴的能力，另一些则可能会占用天然洞穴或者其他动物废弃的洞穴。为了适应季节变化，温带和亚寒带等地区的爬行动物具有冬眠的习性。

由于非常依赖环境温度，这使得它们的运动能力和反应速度往往无法与哺乳动物匹敌。爬行动物产生了自己特殊的防御手段，比如相当多的爬行动物有毒，比较著名的就是毒蛇了。毒蛇口部上颌的前端，生有弯曲而锋利的毒牙。毒牙钩状且中空，通过管道与后部的毒腺相连。后者是一个囊状的结构，里面可以储存毒液，并且能够在肌肉的作用下收缩，把毒液挤进毒牙中，注射到敌人的身体里。由于肌肉的收缩力度是可控的，所以，注入的毒液的量也是可控的。总体来说，毒液主要是从破坏和溶解血细胞、影响神经传导等方面发挥作用，大致包括酶、神经毒性多肽、生物活性因子和膜活性多肽四类物质。这些物质以不同的方式组合起来，形成了不同类型的毒液。如眼镜蛇科的成员多数倾向于神经毒素，作用目标是神经元的功能，比如神经接头部位的突触，如银环蛇。而另一些，比如蝰蛇科的毒蛇则倾向于使用血液循环毒素，引起血液凝固或大量失血，被此类毒蛇咬伤以后痛感会非常强烈。这些毒液构成了毒蛇最主要的防护和进攻手段。

一些爬行动物则演化出了其他的自卫或交流手段，如一些爬行动物可以改变体色，它们通过神经来控制色素细胞的扩展与收缩。另一些爬行动物则可以扭断自己的尾巴，以吸引天敌的注意力。

　　今天，尽管爬行动物已经不再位于陆地生态系统的中央舞台，但它们依然分布在世界的各个角落，潜藏在森林、草原乃至荒漠之中，它们会取食大量的昆虫和啮齿动物，在生态系统中发挥着重要的作用。

物种档案

拉丁学名：*Plestiodon chinensis*

别　名：中华石龙子、四脚蛇、
　　　　白斑石龙子、山弹、猪婆蛇、
　　　　石龙蜥、山龙子

体　型：全长 20.7 ~ 31.4 厘米，
　　　　通常不超过 40 厘米

食　性：肉食性为主

分类地位：爬行纲 有鳞目 石龙子科
　　　　石龙子属

分　布：中国各地，越南亦有分布

受胁等级：无危（LC）

中国石龙子

　　当你在山间、草地甚至废弃的瓦砾堆旁，有很大的概率会看到某些四肢短小的蜥蜴状动物从某个地方飞快跑过。你第一眼看到它的时候也许会把它当成蛇，特别是当你不能看清它的四肢时，不过它并不像蛇那

中国石龙子（冉浩 摄）

样扭曲爬行。这就是石龙子，也许是中国石龙子——在我国最常见的石龙子。

事实上，石龙子比其他蜥蜴更容易遇到，它们与其他蜥蜴很容易区别——石龙子的身体看起来更圆滚滚的，四肢更加短小，而且，很难分辨出脖子。中国石龙子所在的生物分类阶元不久前经历了变动，发生了一点分类地位的变化，因此，它的拉丁语学名从"*Eumeces chinensis*"变成了"*Plestiodon chinensis*"。但这对我们这些只是偶遇它们的人来讲，并没有什么影响。现在中国石龙子被划

某种石龙子（冉浩 摄）

入的这个新类群，在整体上都是很注重尾巴的"修养"的：它们用尾巴来吸引天敌的注意力，并在必要的时候折断尾巴逃生。一些物种甚至会有比较鲜亮的尾巴，以此来使尾巴更具有吸引力，中国石龙子的幼体具有蓝色的尾巴，但成体的尾巴转为棕褐色。中国石龙子断尾可以再生，但再生后的尾巴短而硬，并且不再具有原来尾巴中的那些椎骨。

石龙子的主要食物是昆虫等小型动物，中国石龙子也不例外。中国石龙子白天出来在海拔 10 ~ 1000 多米的地方活动，而且数量不少，因此不难见到。

物种档案

拉丁学名：*Takydromus septentrionalis*
别　　名：中国草蜥
体　　型：全长 15 ~ 31 厘米
食　　性：肉食性为主
分类地位：爬行纲 有鳞目 蜥蜴科
　　　　　草蜥属
分　　布：中国各地
受胁等级：无危（LC）

北草蜥

　　在山地草丛中，你有可能会遇到北草蜥，一种尾巴很长的绿色小蜥蜴，它非常狭长，个头不大，其长度主要来源于那条长尾巴，据统计，其尾长大约是体长的三倍。北草蜥是我国特有的物种，主要取食小型昆虫。

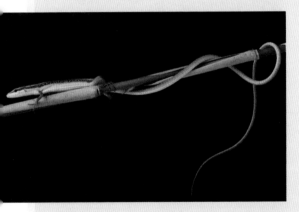

北草蜥

　　北草蜥主要在白天活动，由于是变温动物，其活动时间与气温、日照等高度相关，需要气温达到一定程度，并避免阳光过度曝晒。与许多爬行动物一样，北草蜥也是穴居的，而且它们出巢时非常谨慎，会在巢口反复试探，确认没有天敌后才会出巢。北草蜥的尾巴也能在天敌来袭时折断保命，但我们一定不要去做这样的"科学实验"。对于北草蜥而言，尾巴是它攀爬的重要助手，可以通过缠绕来固定身体。断掉尾巴的北草蜥，就太可怜了，生活也会受到很大的影响。而且北草蜥属于"三有"保护动物，不应该惊扰。

物种档案

拉丁学名：*Ramphotyphlops braminus*
别　　名：铁线蛇
体　　型：全长约10厘米，
　　　　　最大不超过20厘米
分类地位：有鳞目 盲蛇科 钩盲蛇属
食　　性：肉食性
分　　布：世界各地的热带和亚热带地区
受胁等级：未评估（NE）

钩盲蛇

　　土壤里细细长长的"蠕虫"，不仅有蚯蚓，还有可能是盲蛇。你可以通过它光亮的身体和细密的鳞片将它和蚯蚓区分开。其中，钩盲蛇是分布最广泛的盲蛇物种，我国南部省份也有分布，属于本土物种。这种黑乎乎的小家伙全长只有10厘米左右，是我国境内记录的最小的蛇。钩

钩盲蛇（许益镍 摄）

盲蛇以白蚁，昆虫的卵、幼虫、蛹、成虫和蚯蚓等为食，无毒。钩盲蛇在遇到敌害时会出现扭动、缠绕、尾部刺击等行为，实在不行了就甩出便便炸弹……

目前世界上 80 多个国家和地区都有钩盲蛇的记录，而且似乎它们的分布区域还在扩大。这和钩盲蛇的特殊的孤雌生殖有关，雌性不经过受精，就能繁殖后代。或者说，只要有一条雌性钩盲蛇就能形成一个种群，在蛇类中独一无二。即使同时具有雌雄性生殖系统的蚯蚓也没有这样的生殖本领，大多数蚯蚓还需要互相受精……于是，钩盲蛇隐藏在土壤中，随着全球园艺贸易到达了世界各处，繁衍生息，好在它们并非锋芒毕露的犀利物种，否则，后果不堪设想。

物种档案

拉丁学名：*Ptyas mucosus*

别　　名：草锦蛇、山蛇、水律蛇、华锦蛇、印度鼠蛇、东方鼠蛇

体　　型：全长1.5～2米

食　　性：肉食性，取食鼠类、蛙类、蛇类等

分类地位：爬行纲 有鳞目 游蛇科 鼠蛇属

分　　布：中国南部和东部、东南亚诸国等

受胁等级：未评估（NE）

滑鼠蛇

如果你走在山区、平原或者农田附近，也许能够见到滑鼠蛇的踪迹。滑鼠蛇的头背部通常呈现黑褐色至灰色，体背棕灰色至暗黄绿色，体后具有不规则的黑色斑纹，并向后延伸逐渐形成近似网状的纹路，腹面白色至米黄色。和同属的灰鼠蛇相比，体型更加粗长，通常体长能够达到1.5米以上。滑鼠蛇无毒，常常生活在400～3000米的平原和丘陵地区，在水域附近有着较多的分布。

滑鼠蛇多在白天行动，它们行动敏捷，以鼠类作为主要的食物，"鼠蛇"的名称也由此而来。滑鼠蛇也因此能够进行生物防治。我国也有过投放一定数量的滑鼠蛇来驱灭田间害鼠的例子。但它们食性较广，同时也食用蛙类等，部分地区的个体可能以蛙类为主要食物。滑鼠蛇每年产卵可达15枚，卵经过2.5个月左右孵化。

滑鼠蛇用于生物防治，不仅保持了农田的产量，更是减少了鼠类对疾病的传播。更重要的是减少了药物的使用量，从而达到对环境的保护。

而在生态系统中，滑鼠蛇也的确起到了调节鼠类等动物数量平衡的重要作用。我国也将其列为"三有"保护动物。但近年来却因为人类活动及人类引起的环境变化而受到了影响，种群数量不断下降。因此我们也应关注它们的情况，并予以适当的保护。（魏昊凯）

滑鼠蛇

物种档案

拉丁学名：*Ptyas korros*

别　　名：黄梢蛇、索蛇、山蛇、过树龙、土蛇、细纹南蛇、中印鼠蛇

体　　型：全长一般1米左右，大者可达2米

食　　性：肉食性，取食鼠类、蛙类、蛇类等

分类地位：爬行纲 有鳞目 游蛇科 鼠蛇属

分　　布：中国华南、东南亚诸国等

受胁等级：未评估(NE)

灰鼠蛇

　　作为广泛分布于我国华南和东南沿海的一种无毒蛇类，灰鼠蛇通常生活在平原及丘陵地区，常出没于草地、河边、乱石及溪流湖泊附近，同时人们也能在村庄内外发现它们的踪迹。灰鼠蛇的头部和背部通常为灰黑色，并呈现出不明显的深浅相间的纵纹，腹部通常为白色至米黄色。和同属的滑鼠蛇相比，灰鼠蛇的体型较为纤细。

　　灰鼠蛇行动迅速，昼夜均有活动，常出没于阴雨天。通常每年11月至次年3月左右进行冬眠，5—6月产卵，每年能够产卵4～12枚，2个月左右即可孵化。

　　同样的，冠以鼠蛇的名称，表明了它们对鼠类的捕食和生态学调节功能，具有较高的生态价值。但近年来由于人类活动，野生个体减少较为严重。灰鼠蛇同样被列为"三有"保护动物。（魏昊凯）

灰鼠蛇

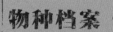

物种档案

拉丁学名: *Orthriophis taeniurus*

别　名: 菜花蛇、家蛇、黑眉锦蛇、
　　　　黄颌蛇、枸皮蛇

体　型: 全长 1.2 ~ 1.8 米，
　　　　大者可达 2 米

食　性: 肉食性，取食鼠类、
　　　　鸟类和蛙类等

分类地位: 爬行纲 有鳞目 游蛇科 曙蛇属

分　布: 我国华北、华东和华南，
　　　　朝鲜、东南亚诸国等

受胁等级: 未评估（NE）

黑眉曙蛇

　　如果你经常去户外，也许对黑眉曙蛇并不陌生，它们出没于村庄内外，甚至能够在房檐上发现，可以说是作为邻居般的存在，部分地区甚至将其叫作家蛇。毫不夸张地说，黑眉曙蛇是我国和人们联系最紧密的蛇类之一。它们广泛地分布于我国除西部和东北以外的大部分地区，并在分布区内海拔 110 ~ 3000 米的范围最为集中。黑眉曙蛇最显著的特征莫过于眼睛后面的黑色斑纹，"黑眉"的名字也由此而来，它们的头和体背呈现出黄绿至暗棕红色。

　　黑眉曙蛇无毒，没有明显而规律的活跃时间，

黑眉曙蛇（陈明 摄）

并且具有较强的攀爬能力。在人类活动区域，它们常常能够攀上房檐，出现在人们家中，也因此被部分地区的人们称作家蛇。尽管蛇类通常食性复杂，但它们更加偏爱鼠类，对鼠类种群数量的控制具有重要的作用。黑眉曙蛇通常在冬眠结束一个月后交配，每年能产卵 2 ~ 13 枚，孵化需要 2 ~ 3 个月左右，幼蛇孵出后 1.5 年后达到成熟。

黑眉曙蛇属于"三有"动物。作为捕食鼠类的主力军成员之一，它们在调节鼠类数量的过程中起到了不可忽视的作用。黑眉曙蛇的存在降低了鼠类数量剧增的可能，减少了鼠类对农田和储粮的危害，也减小了鼠类对草场等环

隐藏在树中的黑眉锦蛇（陈明 摄）

境的破坏，间接地帮助我们保持了粮食和畜牧业产量，更减少了鼠类传播疾病带给人们的风险。这无不体现了野生动物的生态价值。毫无疑问，保护它们最终也会受益到我们身上。（魏昊凯）

★编者注：过去的观点将黑眉曙蛇归入锦蛇属，目前仍有人持有这一观点。

155

王锦蛇

　　在中低海拔的草地之中，王锦蛇是较为常见的一种蛇类。它们体型较大，虽然无毒但是性情凶猛、攻击性较强，加之蛇类常携带病菌和寄生虫，请务必与之保持安全距离。

　　王锦蛇是广泛分布于我国华中、华北、华南等地的一种无毒蛇。除腹部黄白至粉红色外，其余部位黑黄相杂。由于部分个体黄色较为鲜艳，酷似鲜黄色的油菜花，故又被称作菜花蛇。而其头背鳞片接缝处交错相杂，能够拼出一个"王"字，加之其全身分布的黄色和较为庞大的体型，因此被命名为王锦蛇。此外，王锦蛇的肛腺特别发达，能产生比较大的异味，因此也有臭蛇之说。

　　王锦蛇通常分布于海拔 100 ~ 2220 米山地丘陵地带，常常在树林、水域附近活动，在村庄附近也常能看到它们的踪影。王锦蛇食性较为广泛，部分地区报道较多食用蛙类，甚至能够食用其他蛇类，捕食方式类似于蟒蛇，通过收缩使猎物窒息而死。每年的 6—7 月繁殖，产卵可达 15 枚，孵化期约 1.5 ~ 2 个月。王锦蛇发育较快，孵化出的幼蛇需两年即可发育成熟，繁衍后代。

　　同其他蛇类一样，王锦蛇也由于人类活动数量减少较快。同样作为"三有"动物，王锦蛇理应受到保护。（魏昊凯）

王锦蛇（陈明 摄）

乌梢蛇

　　乌梢蛇是广泛分布于我国的一种无毒蛇，属于"三有"动物。乌梢蛇体色变化较大，但通常背部棕色至黑色，有时会呈现出黄绿色或棕绿色，明显特征是具有贯穿全身的黑色侧纹，成年个体体前段往往更加明显。

　　它们多在海拔 50 ~ 1570 米范围内的平原、丘陵和高原的水源附近活动，在农田亦可见。

　　乌梢蛇通常在白天活动，行动迅速，反应敏捷。雌蛇每年 5—7 月产卵，产卵数可达 17 枚，产下的卵需要孵化 1.5 ~ 2 个月。幼蛇发育 2.5 ~ 3.5 年达到性成熟。

　　同其他蛇类类似，由于人类活动导致的栖息地破坏、食物减少、直接

乌梢蛇（王智永 摄）

被捕杀等原因，乌梢蛇的数量有着较大的下降。我们应该予以警惕，并反思自身活动对它们的影响。（魏昊凯）

乌梢蛇（陈明 摄）

赤链蛇

　　在平原、丘陵、山地，抑或是农舍旁、水域边，你都有可能遇到赤链蛇，就像鲁迅在《百草园》中提到的那样，人们常会偶遇这种蛇，当然，像文章中说的可以变成美女什么的，那是不可能的。

　　赤链蛇是很凶猛的蛇类，具有较强的攻击性。尽管通常认为赤链蛇属于无毒蛇，但近年的研究倾向于认为其有一定的毒性。通常，毒蛇的毒牙在嘴前部，呈管状或者带有沟槽，以方便注入毒液。赤链蛇没有这样的毒牙。但是，赤链蛇在靠近口后部，也就是咽部的地方有特化的牙齿，具有切割和穿刺的作用。在这个牙齿的基部，存在一个被称为达氏腺的腺体，实验证明，赤链蛇达氏腺的分泌物对小型动物具有致死作用。但是由于赤链蛇的这对牙齿非常靠后，它们在咬人时通常不能发挥作用，也就是这些牙齿往往伤不到人。而且，由于毒液毒性弱，牙齿也没有沟槽引导，即使咬到了人，多数只是造成轻微的红肿。但如果被咬伤者是过敏体质，仍有可能出现较严重的反应。因此，尽管赤链蛇的攻击对人基本不会构成严重伤害，但仍不可掉以轻心。

　　赤链蛇不会主动攻击人，只要不去招惹它就没关系。而且在发动攻击前，它们往往会翘起尾巴尖做警示性摆动，只要在此时拉开安全距离就好。

赤链蛇（金琛 摄）

物种档案

拉丁学名：*Bungarus multicinctus*

别　　名：白带蛇、白节蛇、节节乌、
　　　　　雨伞蛇、手巾蛇、银报应

体　　型：全长 0.6 ~ 1.8 米，平均约 1 米

食　　性：以鱼类、蛇类、小型哺乳动物、
　　　　　蛙类等为食

分类地位：爬行纲 有鳞目 眼镜蛇科
　　　　　环蛇属

分　　布：中国南部和东南沿海，
　　　　　缅甸和越南北部等地

受胁等级：无危（LC）

银环蛇

作为中国赫赫有名的毒蛇，也是最容易在户外遇到的致命毒蛇之一，银环蛇以其背部极其明显的黑白相间的横纹而得名。银环蛇的白色横纹相较于黑色明显更窄，尽管有记录到不同的体色和体纹，但通常符合以上情况。银环蛇通常分布于华南地区海拔 0 ~ 1500 米的温暖潮湿地带，但它们更加偏爱低海拔的潮湿地区，在这里往往更加常见。银环蛇常出没于山林和湖泊附近，农田和村庄边缘也能看到它们的身影。

银环蛇通常在傍晚或夜间活动。由于对温度敏感，每年冬季不同地区的银环蛇将度过 3 ~ 6 个月的冬眠时间。银环蛇的繁殖期通常为每年 6 月左右，但也有在 8 月后的交配记录。每年能够产卵 3 ~ 20 枚，在不同的环境中需 1 ~ 2 个月孵化。幼蛇 3 年后达到性成熟，从而开始繁衍后代。

由于人类捕捉和环境的变化，银环蛇的种群数量逐渐下降。IUCN 濒危物种红色名单评估（2011 年）中这样写道："虽然该物种是很常见的，但是仍然被认为在减少"。如今 9 年过去了，人类活动使得银环蛇的栖息环境更加不如从前，因此银环蛇的生存条件不容乐观。

　　也许毒蛇在更多的条件下是令人恐惧和厌恶的。人们消灭它们、想要保护自己和周围人的安全，这自然是无可厚非的。但是不可否认的是，它们的生态价值往往又是巨大的。对于这其中的矛盾，需要在我们和相关部门的共同努力下，选择合适的处理方法。（魏昊凯）

银环蛇

相遇Tips

当遭遇毒蛇时

　　蛇类是在户外经常可以遇到的野生动物之一。多数蛇类都是安全的，然而还有一些具有很强的毒性，甚至是致命的，我们要学会和它们打交道，保护好我们自己，也保护好它们。

　　在有毒蛇出没的地方，最好不要单独行动，尽量穿戴高帮登山鞋和宽檐帽，尽量不要进入高草丛，也不要翻动大石块——事实上，任何时候都不建议翻动石块，因为石块是各种动物的庇护所，不仅包括蛇，也包括蜥蜴、昆虫等其他小型动物，甚至下面可能会有鸟窝。

　　在户外，登山杖或者棍子是很有用的工具，它们可以起到探路的作用，成语"打草惊蛇"的字面意思就是如此。而且在真的遇到毒蛇时，这些工具也可以起到保护作用，如将毒蛇挑远等。

　　一般来讲，不管是否有毒，蛇类都不愿意与人起冲突，但前提是你不要激怒它或让它感受到威胁。与无毒蛇倾向于逃走不同，毒蛇在遇到刺激时往往会扬起蛇头，这是一种明显的威胁姿态。你要做的，是面朝它，缓慢地后退，直至安全距离。尽可能不要尝试模仿电视节目或视频中那些徒手制服毒蛇的手法，这事没那么简单，一旦失手，几乎必然被咬伤。与毒蛇打交道没有试错的机会，后果有可能是致命的。事实上，多数咬伤事件都发生在试图制服毒蛇的过程中。

　　如果确信毒蛇将发动攻击，还是有一些自我保护和反击的技巧的。你可以把背包或者其他厚重物品挡在身前，起到防护自身和消耗毒蛇毒液的作用。蛇毒只要不进入血液，就是安全的。大型鸟类采用翅膀上的羽毛来防御毒蛇进攻，也是差不多的原理。

此外，你也可以脱下衣物，直接丢过去罩住蛇头，为自己争取后退的机会。在不得不进行自保的前提下，可以选择投掷石块等。

一旦被毒蛇咬伤，就是一件很麻烦的事情了。被咬伤者需要进行血清治疗，这些特殊的蛇毒血清能够中和蛇毒，但不同的蛇毒需要不同类型的血清，这意味着你需要提供毒蛇的尸体或者照片，而医院也需要能及时鉴定出毒蛇的种类并有合适的血清供选择。此外，在送医之前还必须进行紧急处理，而且往往非常关键。通常毒蛇咬伤会留下一到两颗毒牙造成的明显的创伤，而无毒蛇

毒蛇上颌的毒牙会造成很深的创口，这是无毒蛇所没有的

则通常为成列的细小创伤，如果不能确定是否为毒蛇，应先按毒蛇咬伤进行应急处理。被咬后要平躺并避免剧烈运动，保持安静。及早处理伤口，先清理被咬处，用大量清水冲洗伤口残余毒液，如有工具可尝试负压吸出。如有毒牙遗落，尽早剔除。在伤口肿胀部位的上方，使用绑缚的方法进行处理，每绑缚 15~20 分钟需松开 2~3 分钟，如此反复。此外，离伤口较近的戒指、手链等饰物需提前取下，以防肿胀后难以取下。此外，要尽可能将蛇的特征尽早通报医院，以便医院可以在派出救援人员的同时也能准备相应的血清。由于抗眼镜蛇毒血清产量较少，如情况紧急可联合使用抗银环蛇毒血清和抗蝮蛇毒血清。

中华眼镜蛇

物种档案

拉丁学名：*Naja atra*

别　名：舟山眼镜蛇、扁头蛇、饭铲头

体　型：全长1.2～1.5米，大者可达2米

食　性：以两栖类、蛇类、小型哺乳动
物、鸟类和鱼类等为食

分类地位：爬行纲 有鳞目 眼镜蛇科
眼镜蛇属

分　布：中国南部和东南沿海中低
海拔地区、海南和台湾、
越南北部和老挝等地

受胁等级：易危（VU）

　　如果你在野外偶遇眼镜蛇，它们多会将颈部扩张成扁平状，前半部身体抬起来警告你。这类蛇毒性极强，甚至能够喷射毒液，但通常不会主动攻击人类。因此遇到它们的话不要慌张，尽量不要招惹它们，并小心离开。

　　中华眼镜蛇在我国主要分布在华南地区，和我国有着相近分布范围的眼镜王蛇（*Ophiophagus hannah*）相比，体型往往更加细短。不同地区个体形态略有区别，头体呈现出黑色至黑褐色、颈部存在着使其得名的眼镜状白色斑纹，前腹面黄白色。主要栖息在海拔70～1630米的山林、湖泊、草原或农田边，偶尔在村庄边缘也能看到它们的身影。

　　中华眼镜蛇通常在白天或傍晚活动。由于对温度敏感，因此存在较长的冬眠期。每年5—6月进行交配，6—8月进行产卵，通常每年产卵5～28枚，卵的大小和数量会随着雌性个体体型的变化而变化，并呈现出一定的相关性。产下的卵将经历1～2个月的孵化期而孵出幼蛇，新生幼蛇在1～3年便可以达到成熟，并开始繁育后代。

随着城市化进程的推进和农村养殖业的发展，大量的山地湖泊被开发，加之人类活动对环境的干扰甚至污染，使得中华眼镜蛇的生境面积和质量不断下降。在这样的情况下，IUCN 濒危物种红色名录评估（2011年）中这样写道："尽管它是常见的物种，但是在过去的 20 年里，该物种数量减少了 30% ~ 50%，中国境内的数量至少减少了 30%。"

尽管我们不希望生活在到处都是眼镜蛇的恐怖环境之中，但与此同时我们也不希望失去这样一个共同在生物圈生存的伙伴。更何况它们也在积极地发挥特殊的生态价值，我们也应该给它们留足一定的生存空间。

（魏昊凯）

中华眼镜蛇

短尾蝮

物种档案

拉丁学名：*Gloydius brevicaudus*

别　　名：草上飞、地扁蛇、土蝮蛇、土
　　　　　公蛇、反鼻蛇、白花七步倒

体　　型：全长几十厘米至半米

食　　性：肉食性，取食小型哺乳动物、
　　　　　鸟类、蛙类等

分类地位：爬行纲 有鳞目 蝰蛇科
　　　　　亚洲蝮属

分　　布：我国东部沿海区域和长江中下游
　　　　　丘陵等地带，国外见于朝鲜半岛

受胁等级：近危（NT）

　　不管是在辽宁、河北、广东等东部沿海省份或是在陕西、甘肃、湖北等与长江有关的省份，你都有可能在野外遭遇短尾蝮。事实上，它们在当地也相当有名，著名的"草上飞"说的就是短尾蝮，足见其行动之快捷、迅猛。

　　短尾蝮确实喜欢在草丛活动，它们尤其喜欢坟头上的草——它们利用坟堆、树洞或者鼠洞等地方做巢并在附近活动，当然，它们也会出现在其他地方。事实上，只要环境具有一定的遮蔽作用，短尾蝮都可能出现。短尾蝮不难识别，它们拥有毒蛇典型的三角形头部，尾巴也短，而且背部两侧分别具有一排半圆的环斑，可以作为识别参考。

　　和其他蝮蛇一样，短尾蝮是卵胎生的，也就是卵在体内孵化后产出小蛇的生殖方式。短尾蝮是毒性较强的毒蛇，毒液为血液循环毒为主的混合毒。由于短尾蝮出没的一些地域人口比较密集，伤人甚至致死事件时有发生。因此，能够识别它们，并与之保持安全距离是很有必要的。另一方面，短尾蝮也是重要的捕食鼠类的蛇类，对控制鼠类的数量具有重要的作用，因此，应该受到适当保护，目前其被列为"三有"保护动物。

短尾蝮（金琛 摄）

物种档案

拉丁学名: *Deinagkistrodon acutus*
别　　名: 百步蛇、五步蛇、
　　　　　七步蛇、棋盘蛇
体　　型: 全长 80 ~ 155 厘米
食　　性: 肉食性，取食小型哺乳动物、
　　　　　鸟类、蛙类等
分类地位: 爬行纲 有鳞目 蝰蛇科
　　　　　尖吻蝮属
分　　布: 中国南部和东部，越南北部、
　　　　　老挝等
受胁等级: 未评估（NE）

尖吻蝮

　　尖吻蝮这个名字也许让人感到陌生，但是"五步蛇"可就家喻户晓了。"被咬后走出五步就会倒下"——即使我们知道这有很大的夸张成分，但也从侧面证明了其毒性的威力。野生的尖吻蝮常常会毫无征兆地发起攻击，较大的毒液剂量和较高的毒性，使得它们格外危险。所以说，如果遇到了它们，要尽快拉开安全距离。

　　尖吻蝮分布在我国南方和东部沿海地区海拔 100 ~ 1400 米的山区和低丘平原，常常出没于山坡岩石地带。尖吻蝮以它们较尖并稍向上翘的吻端为标志性特征，背部有着完整或不完整的菱形斑块，并沿着体背相互连接、延伸。而它们的腹面往往有着较不规则的黑褐色斑块，并以白色为主要底色。

　　它们多在夜间或清晨活动，时常潜伏于岩石缝和树叶里面。每年冬眠结束后开始交配和产卵。不同地区的产卵时间有所差别，每年最多产卵 24 枚，孵化需要 1 ~ 2 个月，幼蛇 2 ~ 3 年发育成熟。

但即便是令人闻风丧胆的五步蛇，在人类活动的影响下，它们的现状也不容乐观。尽管我国每年都有许多被尖吻蝮咬伤甚至因此而死亡的案例，但是事实上我国多地尖吻蝮数量减少更为严重。再加上人类活动将它们的分布区域碎片化，若不加以保护，部分地区甚至面临区域性灭绝的风险。

尖吻蝮

但是尖吻蝮的生态价值是不可替代的，加之它们数量稀少，野生尖吻蝮被列为国家二级保护动物，其保护级别绝非"三有"动物可比，不论捕捉多少都是直接触犯法律的。当然，作为一种令人闻风丧胆的毒蛇，若数量过多必然也会造成困扰。即便是现在的数量下，每年也因尖吻蝮而造成了许多死伤。因此建立保护区的保护模式是相对合适的。不论如何，如果在自然界中遭遇尖吻蝮，首要的事情是保护人身安全。（魏昊凯）

尖吻蝮（黄晓春 摄）

物种档案

拉丁学名: *Pelodiscus sinensis*

别　　名: 水鱼、甲鱼、团鱼、
　　　　　泥龟、王八、元鱼

体　　型: 背盘长 19～35 厘米

食　　性: 杂食性

分类地位: 爬行纲 龟鳖目 鳖科 中华鳖属

分　　布: 原产地在东亚及俄罗斯远东，
　　　　　有引种到其他地区

受胁等级: 易危（VU）

中华鳖

　　中华鳖可能是我们最熟悉的鳖类了，在我国许多地区的水域都能看到它们的身影。如果你在野外遇到了它们，也许会凭着自己对"乌龟"的饲养经验，想要去和它们亲密接触一下。但中华鳖相比于常见的饲养龟类来讲并不温顺，甚至可以说有着很强的攻击性。如果招惹到它们很可能因此而被咬伤。因此，最好和它们保持一定的距离。

　　龟和鳖经常会被弄混，但实际上它们还是有明显区别的。相对来说，鳖的背甲没有那么坚固，是不完全版的，也就是说，虽然鳖的肋骨和肋板融合了，但是融合的区域没有完全覆盖背部，在外围有很大一部分区域实际上只有伸出去的扁平肋骨，肋骨之间还有很大的缝隙，这些缝隙则由一些肉质结缔组织填充，并存在肉质的裙边，而龟则是一块完全愈合的背甲。鳖的脖颈长，能够收入到甲内，但是四肢不行，它们的吻部较尖，就像猪鼻子一样有两个明显的、靠在一起的鼻孔。得益于装甲轻薄，中小型鳖类的行动速度不慢，甚至在岸上也能奔走如飞。

　　中华鳖以鱼虾、昆虫、甲壳类、软体类和部分种子为食，但总体来讲更加偏向于肉食性。尽管它们倾向于夜间活动，但往往有晒日光浴的行为，常栖息在食物充足、阳光充裕的淡水水域。中华鳖3～6龄的个体达到性成熟后，每年5—8月交配后可产卵3～4次，每次产下4～40枚卵，60天左右孵化出稚鳖。即使稚鳖成活率相对不高，但是由于产卵较多因此能够维持相对的数量平衡。除此之外野生中华鳖的寿命较长，可达60年甚至更久，但老年鳖产卵数量明显减少。

但人类活动明显改变了这一平衡，由于人类活动的直接和间接影响，近年来野生中华鳖的数量急剧下降。以辽宁省朝阳县小凌河中华鳖省级野生动物自然保护区为例，经过了多年的野蛮捕捞，其2004年统计时其数量只

中华鳖

有20世纪80年代的10%～20%，而且大于0.5千克的几乎没有，大多在0.1～0.2千克之间，对比中华鳖成体可达三四千克的重量，可见其惨烈程度。尽管中华鳖在很多地方也有人工养殖，但这对于野生个体的保护作用不大，甚至不规范的市场反而将对它们的保护工作推向深渊。可以说，保护我国野生中华鳖资源，已经刻不容缓。

山瑞鳖

物种档案

拉丁学名：*Palea steindachneri*
别　名：瑞鱼、山瑞、甲鱼、团鱼
体　型：背盘长 11 ~ 32 厘米
食　性：杂食性
分类地位：爬行纲 龟鳖目 鳖科 山瑞鳖属
分　布：中国华南、西南至越南，
　　　　引种至夏威夷和毛里求斯
受胁等级：濒危（EN）

　　山瑞鳖同样也是曾在我国分布较为广泛的一种鳖类动物，外形和中华鳖较为相似，但它们主要分布在我国南部地区。除此之外，山瑞鳖在颈部两侧和背甲前缘具有粗大的肉疣，是明显的识别和区分特征。它们常生活于江河、山涧和溪流中，喜欢水质清澈的环境。和中华鳖相似，它们也是昼伏夜出的动物，且白天同样喜欢晒太阳。受到惊扰以后会立即潜入水下，借助水底的淤泥隐藏自己。

　　山瑞鳖以软体动物、鱼虾等水生动物为食，在极度饥饿的情况下也取食腐肉。山瑞鳖可以一次大量进食，加之爬行动物普遍较低的代谢速率，因此它们拥有很强的耐饿能力，饱餐后可以一周不进食。山瑞鳖 3 ~ 6 年即可达到性成熟，每年 4—10 月可进行繁殖，并产卵 1 ~ 2 次，每次 3 ~ 18 枚，70 天左右即可孵出稚鳖。

　　值得注意的是，山瑞鳖的孵化率较低，甚至仅有 50% 左右，使得本就不高的成活率再次降低。再加上近年来人类对环境的破坏、野生山瑞鳖遭到捕捉、相对小的分布面积和对环境的较高要求等因素，它们的种群数量下降得很快。山瑞鳖为国家二级保护动物，同时被列入《濒危野生动植物种国际贸易公约》附录Ⅱ受到保护及贸易限制。

山瑞鳖

相遇Tips

不要泄露相遇位置

当与野生动物相遇时，我们也许会很兴奋，也许拍了照片或者视频，也许想与更多人分享，这都是人之常情。但是，我们也要注意保护与野生动物有关的信息，特别是要注意不要让过多的人注意到野生动物生存的具体位置。

否则，会给野生动植物带来麻烦，并且是有很多先例的。如一些发现地点被发到网络上之后，甚至会出现在某些地图标记中，然后引来很多游客，这会打扰野生动物的生活。而且并不是每一位游

客都能够遵守与野生动物相处的基本规则，他们可能惊扰动物或者采摘植物。而且更为严重的是，有一些盗采、盗猎者会闻风而动，给野生动植物带来灾难，尤其是那些恢复能力很弱的类群。因此，我们必须在分享这些经历之前清除掉具体的位置信息。

现在的数码相机、手机在拍摄照片时，往往会在照片文件内附有拍摄的时间、地点（如 GPS）信息等，这些信息在上传网络之前应该通过图片处理软件抹除。照片拍摄者也不应该在发表信息时提供具体的行动路线。此外，如果照片中有标志性景物或者其他可以作为地标的物体，也应该予以剪除或模糊处理。如果需要简单说明拍摄地，可以用较大范围的地理名词，如某省、某市等。

野外的相遇也许是美好的或者令人印象深刻的，就让我们把这不期而遇的地点作为我们心里的小秘密，小心地保管起来吧！

亚洲鼋

物种档案

拉丁学名：*Pelochelys cantorii*

别　　名：沙鳖、癞头鼋、
　　　　　蓝团鱼、绿团鱼

体　　型：背盘长 50～80 厘米，
　　　　　大者全长可达 2 米

食　　性：杂食性

分类地位：爬行纲 龟鳖目 鳖科鼋属

分　　布：中国常见以南至东南亚

受胁等级：濒危（EN）

　　提到鼋（yuán），你可能并不熟悉，而看图片也许你会认为它们和中华鳖相似。尽管鼋同属于鳖科，但是事实上，它们更加巨大，甚至可以长到约 2 米长，可以说是鳖科动物中体形最大的一种，同时也是世界上最大的淡水龟之一。它们的背甲长度可超过 1 米，大的比一张书桌还要长，寿命据说可超过百岁。在中华文明的各种神话和志异故事中出现的巨大老鳖，其原型恐怕都是被误认为鳖的鼋。《西游记》里载着唐僧师徒渡过通天河，后来又在取得真经后把他们连人带经书撂水里的就是一只老鼋，不过电视剧里老鼋的形象是有问题的，至少，它不应该背上一副龟甲……

　　由于体形巨大，鼋往往栖息于水流缓慢的深水江河、湖泊或水库中。它们是杂食性动物，不过还是偏向肉食性多一点，它们善于伏击猎物，夜间到浅滩觅食，在水里潜伏时仅需少量换气。鼋的繁殖能力尚可，每次可以产卵十几到几十枚，多者可达上百枚。幼鼋的生长速度不慢，经过 1 年生长就可达到 1.7 千克以上，但是达到繁殖年龄仍需达 15 千克以上，因此仍需不短的时间。

今天，野外的鼋已经很难见到，除了栖息地的丧失，人为捕猎是一个很大的原因。而鼋的人工保育始终是一大难题，仅有的几例成功的报道也暗示着人工经济饲养的可能性极为渺茫。因此，对其任何食用和经济开发的行为都应立即停止，其目前也被列为国家一级保护动物。

更惨的是斑鳖，由于体形和体态相似，一度被认为是鼋，直到最近这些年才逐渐恢复了独立物种的地位，然而此时，这个世界上所剩的斑鳖已寥寥无几。2019 年，一只雌性斑鳖在苏州动物园人工授精后死亡，这是目前国内所知的最后一只雌性斑鳖。这是一个灾难性的损失，如不能发现更多个体，斑鳖的灭绝就将进入倒计时。幸运的是，越南方向有一定概率在未来传来一些积极的消息。

如果我们再不加大对鼋的保护，它们有很大的概率步斑鳖的后尘。愿我们不会失去这些在中华文化中留下深深印记的大型鳖类。

亚洲鼋

平胸龟

　　我们常会用"缩头乌龟"来形容胆小怕事的人，正如龟鳖类遇到危险便将头缩入龟壳之中那样。但有这么一种特殊的淡水龟，它们有着大大的脑袋，极度扁平的龟壳，以至当遇到危险时，它们都没有办法把头部缩入甲壳。但为了弥补这个缺陷，它的头顶部有一片大型的角质盾，而且它的头骨很硬，下颚也极其发达，因此遇到危险的时候即便不缩回头部也能够很好地保护自己。

　　平胸龟喜欢生活在安静而满是巨砾和碎石的水流湍急的山涧中，因为它趾间有半蹼，所以既能陆地爬行，又可以在水中游泳，但它们以在水中生活为主。每年的5—8月为繁殖季节，多次产卵，每次产卵 1 ~ 2 枚，卵白色、长椭圆形。4 年左右开始性成熟，它的寿命会因为其所生长的环境而发生变化，一般野生的平胸龟寿命有 45 年左右。有意思的是，平胸龟不只是"不做缩头乌龟"，在吃东西上也有着自己的一套准则，即便是饥饿状态下，也几乎不食用植物性食物，几乎只吃自己所热衷的肉类。

但由于人类活动，纯野生的平胸龟早已是处境堪忧，不只被我国列入二级保护动物名单，也被世界自然保护联盟列为濒危物种。这与其较低的自然死亡率、较长的寿命、较强的野外生存能力有着巨大的反差。为什么会出现这样的结果呢?

导致这一结果的原因有很多，主要是非法贸易、过度猎捕和栖息地破坏等原因。不只是平胸龟，人类活动使得淡水龟类普遍濒危。因此我们应当反思自己的所作所为，不应该将它们逼上绝路。（苏朋博）

平胸龟

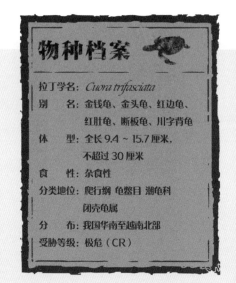

物种档案

拉丁学名：*Cuora trifasciata*
别　　名：金钱龟、金头龟、红边龟、
　　　　　红肚龟、断板龟、川字背龟
体　　型：全长 9.4 ～ 15.7 厘米，
　　　　　不超过 30 厘米
食　　性：杂食性
分类地位：爬行纲 龟鳖目 潮龟科
　　　　　闭壳龟属
分　　布：我国华南至越南北部
受胁等级：极危（CR）

三线闭壳龟

　　正如它们的名字那样，它们背上的三条黑色纵纹是非常明显的识别特征，因此三线闭壳龟是比较容易辨认的龟类。三线闭壳龟曾广泛分布于我国华南地区，一度是常见物种。它们生活于山间的溪流、平原的河流，甚至水田中，但如今却由于濒危而成为国家二级保护动物。

　　三线闭壳龟的食性很广，取食环节动物、鱼虾、昆虫等动物性食物，也会取食浆果和水草。它们的寿命很长，可以达到数十年，但是生长周期也就相对缓慢，需要六到八年才能性成熟。它们的繁殖率也不高，通常每只雌龟每年最多产卵 10 枚左右，卵和幼体还有较高的死亡率。这也为它们种群的恢复制造了困难。

　　人为的滥捕是造成三线闭壳龟如今濒临灭绝的现状的主要原因。它们不仅作为食物而被捕捉，而且由于其俗名中带有"金钱"二字，其中的意象也大大增加了作为宠物饲养的需求。特点鲜明、易于辨识的外形更是让它们被逼向绝路。再加之三线闭壳龟繁殖缓慢，野生种群几乎不能恢复。时至今日，野生三线闭壳龟已经很难找到，如果按照当前情形发展，三线闭壳龟野生种群的灭绝，已经快要进入倒计时了。

　　另一方面，在民间确实尚有一些三线闭壳龟的饲养存量，但是用以补充野生种群却同样存在困难。因为早期饲养三线闭壳龟时几乎无人考虑产地问题，不同产地的种龟被饲养在一起，从而造成了亚种之间的杂交，基因相互污染，遗传品系已经相当不纯。它们甚至能够和至少 11 种淡水龟杂交而形成饲养种。饲养个体可以说已不能与野生个体画等号。因此，对仅存的少量野生种群的保育工作已迫在眉睫。

三线闭壳龟

爬行动物
REPTILES

物种档案

拉丁学名：*Chinemys reevesii*
别　　名：草龟、泥龟、金龟、中国池龟、
　　　　　中华池龟、金钱龟（幼体）、
　　　　　墨龟（雄性）
体　　型：背甲长 7.3 ~ 17 厘米
食　　性：杂食性
分类地位：爬行纲 龟鳖目 潮龟科 水龟属
分　　布：我国多地，以及日本、朝鲜
受胁等级：濒危（EN）

乌龟

从名字上来讲，尽管几乎所有的龟类都被国人叫作乌龟，但严格地说，在所有龟中，它才是最正牌的乌龟。乌龟的背甲呈棕褐色，雄性的背甲颜色相比更深，甚至接近黑色，印证着它们"乌龟"的名字。雄性的每一个盾甲上都有深色斑块，有时几乎完全被斑块占据，仅在接合处呈现棕黄色。

乌龟栖息在江河、沼泽和池塘中，吃水生动物，如小虫、鱼虾、螺类等，也吃植物的根茎，是杂食性动物。成熟的乌龟个体从春末到夏季的时间段内繁殖，雌龟每次产卵 5 ~ 7 枚，一年可以产卵三四次。它们首先挖掘一个土坑，产卵之后填埋，依靠自然温度进行孵化。孵化出的小龟即可独立活动。与很多爬行动物一样，孵化的温度会影响小龟的性别比例，例如当温度为 25 摄氏度及以下时孵出的小龟全部为雄性，28 摄氏度以上时，则孵出的小龟全部为雌性。

然而很常见的乌龟也走上了末路，当下它们的野生种群规模已经非常小了，处于濒危状态。也许你会问，不是满大街都有人在卖乌龟吗？

但是那些并不是真正的乌龟，多数都是红耳龟，或者叫巴西龟，是从美洲引种过来的龟类。而且目前已经有大量的红耳龟因为养殖逃逸、放生而进入我国的环境中，甚至已形成自然种群，成为威胁我国广大地域生态安全的入侵物种。同时，红耳龟的入侵，也一定程度上造成了本土龟类的种群衰落，对乌龟也是如此。

当然，导致野生乌龟数量急剧减少的原因，除了红耳龟的入侵外，最主要的就是人类活动的影响。水体减少使得乌龟的生存空间不足，水体污染使得生存环境更加恶劣……而人为

乌龟

捕捉造成个体减少的同时，由于不同时期孵化出的幼龟性别不同，更可能会使得当地乌龟的雌雄比例失衡，进一步增大了对其的影响。而红耳龟的入侵，追根溯源，也是人类活动所造成的。

也许你不能做到让人类立刻治理水体的污染，也许你也不能让其他人立刻停止对乌龟的捕捉。但你一定能够做到，不放生非当地龟类，不带野生乌龟回家——为乌龟更好的生存迈出一小步。

目前，野生乌龟已经被列为国家二级保护动物，受到法律保护，野外捕捉乌龟已经触犯了刑法。

爬行动物
REPTILES

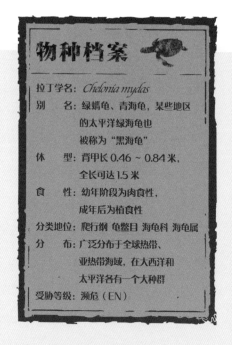

物种档案

拉丁学名：*Chelonia mydas*

别　　名：绿蠵龟、青海龟，某些地区
　　　　　的太平洋绿海龟也
　　　　　被称为"黑海龟"

体　　型：背甲长 0.46 ~ 0.84 米，
　　　　　全长可达 1.5 米

食　　性：幼年阶段为肉食性，
　　　　　成年后为植食性

分类地位：爬行纲 龟鳖目 海龟科 海龟属

分　　布：广泛分布于全球热带、
　　　　　亚热带海域，在大西洋和
　　　　　太平洋各有一个大种群

受胁等级：濒危（EN）

绿海龟

　　绿海龟又称"绿蠵（xī）龟"，因为一身淡绿色的脂肪而得名。它们拥有背腹扁平的身体，和扁圆形的甲壳；坚硬的甲壳呈椭圆形，颜色从茶褐色到暗绿色不等，中央有 5 片椎盾，左右各有 4 片肋盾，周围每侧还有 7 枚圆盾；灵活的四肢能像船桨一样划水，让它们在海中自由自在地游动。

　　绿海龟是独居动物。小海龟出生时就不知道自己的父母是谁，凭借本能奔向大海，在海藻中躲避掠食者，以水母等浮游动物为食，待到成年后，下颌长成锯齿状，能轻松撕裂海草和海藻时才改为吃素。绿海龟是海洋中的资深旅行家。但无论游得多远，一到繁殖季节，即便远在千里之外，也会长途跋涉返回出生地产卵。

　　作为海龟属下唯一的一种，绿海龟已经在地球上生存了一亿多年，堪称"活化石"。除了虎鲸等顶级掠食者，成年绿海龟罕有天敌。但因为人类的滥捕滥杀，以及捕鱼时渔网的缠绕、垃圾污染、气候变暖等直接、间接因素，使得这种比恐龙还要古老的动物如今已经到了濒危的境地。

在过去，一只海龟从孵化到进入海洋除了需要经历海鸟、海蟹等重重自然关卡，而现在除了那些关卡，它们还要跨过人类有意或无意设下的障碍：它们即使幸运地没有把塑料袋和水母弄混，也有可能被遍布浅海的废弃渔网或渔线缠住。而历尽千难万险回到出生地，想要繁殖、产卵的它们，也可能会发现，沙滩已被侵占，家乡已面目全非，更别提气候变化导致的性别失衡。

绿海龟

结果，绿海龟的数量在10年间锐减了超过50%，现在它是国家一级保护动物，同时已经被列入了《濒危野生动植物种国际贸易公约》附录Ⅰ。

（张蕾）

绿海龟标本（冉浩 摄）

爬行动物
REPTILES

物种档案

拉丁学名：*Eretmochelys imbricata*

别　名：瑇瑁、蠵鼊、瑇玳、文甲、鹰
　　　　嘴海龟、十三鲮龟、十三鳞、十
　　　　三棱龟、明玳瑁、千年龟、玳

体　型：全长 0.6 ~ 1.6 米

食　性：海绵、水母等无脊椎动物、
　　　　鱼类和海藻

分类地位：爬行纲 龟鳖目 海龟科 瑇瑁属

分　布：在印度洋、太平洋和
　　　　大西洋的热带珊瑚礁

受胁等级：极危（CR）

玳瑁

　　玳瑁（dài mào）是一种十分特别的海龟。它们的特别不仅在于长有鹰喙般的嘴，身体后部有锯齿般的缘盾，还在于它们留在沙滩上的是不同于绿蠵龟、棱皮龟的不对称足迹，更在于它们是唯一不以生物特征，

玳瑁

玳瑁标本（冉浩 摄）

而是以工艺材料命名的海龟。

在海龟家族中，玳瑁是出了名的"暴脾气"，看似温和，实则一言不合就咬人。性格"凶到没朋友"还能在海洋里混得下去，全赖那动不动就对毒物下口的食性。玳瑁的主要食物是海绵，其中一些品种，如鸡肝海绵（*Chondrilla nucula*）、寄居蟹皮海绵（*Suberites domuncula*）含有剧毒，对其他动物来说往往是致命的。除了海绵，玳瑁还会捕食水母和海葵等刺胞动物，甚至是极其危险的僧帽水母。

玳瑁最出名的是背甲，它呈现半透明的咖啡色，上面有斑斓的美丽花纹。在宝石分类中，玳瑁与象牙、犀牛角一样被列为有机宝石。这是导致玳瑁种群下降的重要原因。此外，繁殖环境恶化、全球气温升高对所有海龟几乎都有影响，玳瑁也是如此。有科学家估计，在过去的三代中，玳瑁的种群数量已经减少了八成。如今，被 IUCN 濒危物种红色名录列为极危物种的它们终于唤起了人类的保护欲，而在中国，玳瑁已经被提升为国家一级保护动物，希望这一切努力，都还来得及。（张蕾）

第四章

两栖动物

　　两栖动物也是常见的陆地动物类群。相比而言，两栖动物较爬行动物更为原始，它们是首批登上陆地的脊椎动物，还没有完全摆脱水域的限制，它们中的绝大多数需要在水中产卵，幼体在水中孵化，并且用鳃呼吸，经过变态发育后变成可以在陆地上生活的成体。很多两栖动物的成体虽然已经可以用不完善的肺呼吸，皮肤也具有辅助呼吸的作用，但它们仍不能离开潮湿的环境太久。两栖动物的种类超过八千种，其中多数是蛙类等无尾两栖类，此外还有蚓螈和蝾螈等，著名的大鲵也是两栖动物。两栖类是非常凶猛的捕食者，它们的成体主要捕食昆虫类，对于维持生态系统的平衡具有重要作用。

由于身体条件的限制和繁殖的需要，多数两栖类生活在水体附近，但是它们更依赖的是小面积的水体，而不是大江、大河或者大湖。原因无它，它们不是鱼类的对手，后者会取食两栖动物的卵和蝌蚪，对成体也有威胁。而在大规模的水体中，往往都有足够多、足够大的鱼类，足以对两栖类的生存和繁衍构成严重的影响。

近年来，两栖类正面临着全球范围内的大衰退，41% 的两栖类物种存在灭绝风险。除了栖息地的破坏和持续污染的水体，其中一个重要原因就是因人类活动而在全球迅速扩散的蛙壶菌。在最近 50 年内，蛙壶菌已经造成了 90 种两栖动物灭绝，491 种两栖动物种群数量明显下降。蛙壶菌随着人类对两栖类的贸易而打破了地理壁垒，传遍全球，人类在这一生态灾难上负有不可推卸的责任。

物种档案

拉丁学名：*Pelophylax nigromaculata*

别　　名：黑斑蛙、青蛙、青鸡、青头
　　　　　蛤蟆、田鸡

体　　型：体长 5.3 ~ 7.1 厘米

食　　性：成体肉食

分类地位：两栖纲 无尾目 蛙科 侧褶蛙属

分　　布：东亚及俄罗斯远东地区，
　　　　　我国分布于大多数省份

受胁等级：近危（NT）

黑斑侧褶蛙

　　黑斑侧褶蛙是我国最常见的蛙类之一，除了新疆、西藏、海南和台湾外，所有省份都有记录。在田间、池塘，如果水质良好，在夏天往往听得到蛙鸣。而我们通常所说的青蛙，很多时候指的就是它们。

黑斑侧褶蛙（冉浩 摄）

作为蛙类, 黑斑侧褶蛙属于两栖动物, 是进行变态发育的动物。它们的生活史包括了卵、蝌蚪、成体三个阶段。成蛙需要把卵产在水里, 孵化出来的蝌蚪长着鳃, 小蝌蚪在浅水中活动, 常常吸附在水草等物体上, 在最初的日子里主要以藻类为食。随着蝌蚪长大, 它们的运动能力增强, 可以游向更深的地方, 也开始取食一些动物性食物。总体来讲, 蝌蚪是杂食性的。随着蝌蚪的发育, 它们的尾部逐渐退化, 长出四肢, 呼吸系统也逐渐切换成肺部, 成蛙的皮肤湿润且富含毛细血管, 也可以帮助呼吸。

黑斑侧褶蛙（金琛 摄）

蛙类捕食昆虫, 是农业害虫重要的天敌动物, 对农业生产很有益处, 我国主要蛙类也基本全被列入了"三有"动物名录。近年来, 黑斑侧褶蛙的数量有明显下降, 需要引起重视, 当一种本来很常见的蛙类被IUCN评价为"近危"（NT）的时候, 可不是一件好事情。

其中有很大的因素要归咎于环境的变化和人类的活动。黑斑侧褶蛙对环境非常敏感,常常被作为反映水体污染的指示生物。污染的水体会严重干扰黑斑侧褶蛙的发育过程，而近年来河流等水体的污染是非常严重的，尽管有些地方进行了治理，并且有一定的好转，但总体看来还是不理想。而且，在过去非常适合黑斑侧褶蛙繁育的农田，现在也面临着农药的威胁。此外，在繁殖期，水库的间歇性放水对蛙类的繁育也有影响，因为卵和蝌蚪主要分布在浅水，突然的水面下降会暴露出浅水区的幼体并造成死亡。黑斑侧褶蛙在生活史上既需要水，又需要陆地，发育过程复杂，也是造成它们相对脆弱的原因。而且，蛙类还面临着一些寄生物和疾病的威胁，这都会造成它们的死亡。此外，还有人类捕杀造成的影响。

黑斑侧褶蛙是重要的昆虫天敌，对于维持农田等生境的生态平衡具有重要意义。我们都期望它们的种群数量能够恢复到往日，那段虽然叫声不断但显得如此祥和的时光。在野外，倘若能"听取蛙声一片"，那也是很不错的事情。

物种档案

拉丁学名: *Hylarana guentheri*

别　名: 沼蛙、贡德氏蛙、
　　　　清水蛤、水狗

体　型: 体长 5.9 ~ 8.4 厘米

食　性: 肉食性

分类地位: 两栖纲 无尾目 蛙科 水蛙属

分　布: 我国南方各省，越南
　　　　和老挝也有分布

受胁等级: 无危（LC）

沼水蛙

沼水蛙求偶

在我国南方平原和丘陵地带的静水池塘或者稻田内及周围的草丛、洞穴里，你有机会邂逅沼水蛙。它们是一些体型大而狭长、体色倾向于暗褐色的蛙类。

沼水蛙是夜行性蛙类。与多数蛙类一样，沼水蛙取食各种比它小的动物，主要食物为昆虫等小动物，对农业有益。

沼水蛙在春夏季节进入繁殖期，雄蛙会发出类似"咣

沼水蛙配对

咣咣"或者"汪汪汪"的鸣声，有点类似狗叫，因此也被当地人称为
"水狗"。

　　当前，沼水蛙因为环境的污染和人类的捕捉，生存受到了较大的影响，
种群数量有所下降。

两栖动物
AMPHIBIANS

物种档案

拉丁学名：*Rana chensinensis*
体　型：体长 4.3 ~ 6.1 厘米
食　性：肉食性
分类地位：两栖纲 无尾目 蛙科 林蛙属
分　布：我国湖北至河北的地区，
　　　　蒙古国
受胁等级：无危（LC）

中国林蛙

　　在海拔 200 米以上的丘陵、山地等的森林、溪流中，你有可能会遇到中国林蛙，这是一些身体光滑但背部和体侧稍有瘤状突起的蛙类。当然，你也有可能会遇到别的林蛙。事实上，很多林蛙属的物种之间相当难以区分，但林蛙属这个类群整体的体态和体型还算不难辨认，它们分布在南岭山脉以北的广大地区。

　　林蛙比较耐干，成体能在陆地上持久活动，蝌蚪则主要生活在静水中。中国林蛙主要是在夜间活动，在陆地上则分散于丛林和草丛中。作为华中、华北山地的常见蛙类，它们数量较多，对于控制林地的昆虫数量具有重要作用，是重要的天敌动物。

中国林蛙（齐硕 摄）

物种档案

拉丁学名: *Hoplobatrachus chinensis*

别　　名: 虎皮蛙、皱皮蛙、水鸡、田鸡、
　　　　　青鸡、泥蛙、蛤蟆、石梆

体　　型: 体长 6.5～12.1 厘米

食　　性: 肉食性

分类地位: 两栖纲 无尾目 叉舌蛙科
　　　　　虎纹蛙属

分　　布: 我国南方各省和东南亚地区

受胁等级: 无危（LC）

虎纹蛙

在我国南方的耕地、稻田、水沟和沟渠等地，你有可能会邂逅虎纹蛙，它们以身上如老虎一样的斑纹而得名。虎纹蛙的体型不小，性情也比较凶猛，捕食各种比它小的动物，主要以昆虫为食，对农业有益。而且与

虎纹蛙（齐硕 摄）

其他蛙类主要捕捉活动的猎物不同，虎纹蛙也可以取食静止食物，如肉类等。

虎纹蛙的鸣声响亮，用两边的声囊发声，其声如狗叫或人发出的"嘿嘿"声。在我国，目前虎纹蛙的种群情况不容乐观，在我国境内被评估为"易危"。虎纹蛙现为国家二级保护动物，受到法律保护，捕捉、残害虎纹蛙会触犯刑法。

物种档案

拉丁学名: *Quasipaa spinosa*

别　　名: 石鸡、棘蛙、石鳞、
　　　　　石蛙、石蛤

体　　型: 体长10.6～15.2厘米

食　　性: 肉食性

分类地位: 两栖纲 无尾目 叉舌蛙科
　　　　　棘胸蛙属

分　　布: 我国东南和西南各省、越南

受胁等级: 易危（VU）

棘胸蛙

　　走在南方的山溪边，你也许能有幸遇到棘胸蛙。它们是体型比较大的蛙类，它们的背上、侧面及四肢往往有肉质的突起，有些突起顶部还有黑色的角质刺。它们是昼伏夜出的动物，生活在南方湿润的水塘和岩隙中。与黑斑侧褶蛙不同，棘胸蛙不喜欢农田环境。

　　近年来，由于大量捕捉，棘胸蛙种群数量下降很快，虽然它们被列入了"三有"动物名录，但保护力度明显不足，需要提起警惕。近年来的证据表明，棘胸蛙很可能还由三种隐存种组成，也就是很可能不是原来我们认为的只有一个物种，而是三个物种。若是如此，可能问题就更加严峻了。

棘胸蛙

物种档案

拉丁学名: *Fejervarya multistriata*

别　名: 泽蛙、乌蟆、狗尿田鸡、
泥疙瘩、施尿拐

体　型: 体长 3.8 ~ 4.9 厘米

食　性: 肉食性

分类地位: 两栖纲 无尾目 叉舌蛙科
陆蛙属

分　布: 广泛分布于我国南方，
在国外见于东南亚、
印度北部和日本南部

受胁等级: 数据缺乏（DD）

泽陆蛙

　　泽陆蛙是在我国南方很容易遇到的蛙类，它们分布在从平原到山地的广大空间里，它们适应能力很强，在稻田中也很常见。泽陆蛙主要捕食昆虫等，捕食后往往有排尿的习性，因此也被当地人称为"施尿拐"。泽陆蛙同样对农业有益。

泽陆蛙

　　泽陆蛙一年可繁殖多次，但天气较干旱时可抑制其繁殖，待降雨后聚集成大群发生求偶行为。雌蛙一次可以产下几百到一两千粒卵。每数十粒卵粘成一片，漂浮或黏附于植物上。从卵到幼蛙大约需要一个多月的时间。

　　泽陆蛙在形态上与海陆蛙（*Fejervarya cancrivora*）类似，但是后者生活在咸水或半咸水中，捕食蟹类，并且海陆蛙头臀长大于 5.5 厘米，大者可以达到 8 厘米，体型远远大于泽陆蛙。

物种档案

拉丁学名：*Kaloula pulchra*
别　　名：地牛
体　　型：体长 5.5～7.7 厘米
食　　性：肉食性
分类地位：两栖纲 无尾目 姬蛙科
　　　　　狭口蛙属
分　　布：我国南方、东南亚和印度等
　　　　　热带和亚热带地区
受胁等级：无危（LC）

花狭口蛙

　　在南方地区，有一定概率会遇到花狭口蛙，它们活动在地势不太高的湿润环境中。花狭口蛙背部的浅色花纹比较有特点，浅色的横纹贴近或者穿过双眼，然后分别向后，形成了一个"Π"形花纹，可以作为识别的参考依据。

花狭口蛙

花狭口蛙通常潜伏在洞穴中，少数情况可能会在离地较高的树洞中。像很多狭口蛙一样，花狭口蛙非常擅长挖掘，它们可以用后肢在几分钟内将自己掩埋起来，仅露出头部一小点。花狭口蛙主要的捕猎目标是白蚁，也吃其他昆虫或蜘蛛，对于控制白蚁数量有一定作用。

花狭口蛙通常在3—6月求偶，鸣声如牛叫，因此也被称为"地牛"。花狭口蛙发育很快，卵能在24小时内孵化，20天左右即可完成变态发育，上陆生活。花狭口蛙雌蛙每年可产卵两次。

花狭口蛙鸣叫求偶

物种档案

拉丁学名：*Microhyla fissipes*
别　名：小雨蛙
体　型：体长 2.1 ~ 2.4 厘米
食　性：肉食性
分类地位：两栖纲 无尾目 姬蛙科 姬蛙属
分　布：我国中部和南部地区
　　　　（主要分布于长江以南），
　　　　日本、南亚及东南亚
受胁等级：无危（LC）

饰纹姬蛙

饰纹姬蛙（金琛 摄）

　　在南方，较低海拔的平原、丘陵或者山地的草丛、土穴或者泥窝中很可能会遇到这些小小的蛙类。饰纹姬蛙的背部有比较显著的花纹，如两个"人"字形或者"八"字形的连续花纹，有的会出现两个连续的三角形花纹，可以作为识别它们的参考依据。还有一种花姬蛙，容易与它混淆。

　　饰纹姬蛙的主要食物是蚁类，也会吃一些其他小昆虫。它们的求偶期很长，可以长达半年，主要是因为雌蛙可以在一两个月的时间间隔后再次产卵并重复多次。雄蛙在求偶时会发出"嘎——嘎——"的叫声，并且在求偶期会聚群。饰纹姬蛙的发育速度不慢，卵能在24小时内孵化，一个月内就可以完成变态发育并开始陆上生活。

花姬蛙（*Microhyla pulchra*）（齐硕 摄）

两栖动物
AMPHIBIANS

物种档案

拉丁学名：*Polypedates megacephalus*
体　型：体长 4.0 ~ 6.5 厘米
食　性：肉食性
分类地位：两栖纲 无尾目 树蛙科
　　　　　泛树蛙属
分　布：我国秦岭以南各省区，
　　　　东南亚北部
受胁等级：无危（LC）

斑腿泛树蛙

在我国南方丘陵和山区各个巢室的地方，你都可能会遇到斑腿泛树蛙。多数斑腿泛树蛙背前部会有叉形花纹，并且大腿后部会有网状花纹，可以作为识别的参考特征。

斑腿泛树蛙（齐硕 摄）

像很多树蛙一样，斑腿泛树蛙通常也不直接将卵产在水中，而是在水面上方建造一个巢来产卵。这些巢也许依托在土壁上，也许吸附在植物的茎或叶子上。雌蛙首先制造出泡沫，然后在泡沫中产卵，一个巢中可以产下两三百粒卵。随着卵的孵化，泡沫会逐渐软化，当小蝌蚪孵化出来以后，泡沫巢也就差不多正好可以全部或部分掉落到水中了。

斑腿泛树蛙会发出"啪啪"的叫声。它们同样捕食昆虫等小动物，它们行动不快，但请不要捕捉或伤害它们。

物种档案

拉丁学名: *Zhangixalus dennysi*

别　　名: 大泛树蛙、咕噜蛙

体　　型: 体长 6.8 ~ 10.9 厘米

食　　性: 肉食性

分类地位: 两栖纲 无尾目 树蛙科

　　　　　张树蛙属

分　　布: 我国

受胁等级: 无危（LC）

大树蛙

　　在我国南方各省山区的树林及附近的农田、住宅等地，我们有可能会遇到这种绿色的大青蛙。指（趾）端的吸盘显示出它具有很强的攀爬能力，在它的背上散布着黄斑，身体两侧往往还会有白色的斑点或者纵纹。

大树蛙

两栖动物
AMPHIBIANS

大树蛙

大树蛙的雄蛙求偶时会发出类似"咕噜"的声音，因此也被当地人称为"咕噜蟆"。大树蛙同样是在水面上用泡沫制巢产卵的，它们会依托伸向水面的树枝、茎干或者叶片来产卵，在那里形成白色或者淡黄色的泡沫团。每一团泡沫中大约还有一两千到四千多粒卵，4天之内就可以孵化出小蝌蚪。

大树蛙的食物也是以小昆虫为主，当然，蛙类嘛，只要吞得下的活物，它都会乐意尝尝。

物种档案

拉丁学名：*Bufo gargarizans*
别　　名：蟾蜍、中华大蟾蜍、亚洲蟾蜍、
　　　　　癞肚子、癞疙疱、癞蛤蟆
体　　型：体长 5.3 ~ 12.1 厘米
食　　性：肉食性
分类地位：两栖纲 无尾目 蟾蜍科 蟾蜍属
分　　布：东亚广大地区
受胁等级：无危（LC）

中华蟾蜍

　　如果说哪种两栖动物最容易在国内遇到，大概就是中华蟾蜍了，它也叫癞蛤蟆，就是被人编排想吃天鹅肉的那位。虽然蟾蜍胃口很好，但是，它们确实很少吃鸟，它们只吃比自己嘴小的动物。由于蟾蜍不能咀嚼和撕咬，只能把食物整个吞下去，它们的主要食物是昆虫。

　　中华蟾蜍的体型比较臃肿，腿也不够长、不够有力，所以它们很难跳出青蛙那样的水准，事实上，相比跳跃，它们更喜欢在地上爬。中华蟾蜍赖以防身的是它们皮肤上的毒腺，毒腺产生的毒液对捕食者来说是种很不愉快的体验。中华蟾蜍有冬眠习性，它们在冬季会隐藏在水

中华蟾蜍

底的草丛或者淤泥中越冬，有些也会在岸边挖掘巢穴越冬。

　　倘若我们在野外遇到蟾蜍，请千万不要因为它们模样丑陋就去伤害它们，更不要因为它们很好捕捉就将它们倒提起来摆弄。如果真对它们有兴趣，那就做一个静静的观察者，倘若没有兴趣，也不应该成为伤害它们的理由。

夜晚出来活动的中华蟾蜍

物种档案

拉丁学名：*Duttaphrynus melanostictus*

别　　名：黑眶头棱蟾、亚洲蟾蜍、
　　　　　瘰蛤蟆、亚洲普通蟾蜍

体　　型：体长 7.2 ~ 11.2 厘米

食　　性：肉食性

分类地位：两栖纲 无尾目 蟾蜍科
　　　　　头棱蟾属

分　　布：巴基斯坦北部至东南亚及
　　　　　我国南方

受胁等级：无危（LC）

黑眶蟾蜍

在我国南方的阔叶林、河边草丛等地方，你将有机会邂逅黑眶蟾蜍。这种蟾蜍最鲜明的特点就是拥有一个从鼻尖开始的黑色眼眶，因此而得名。

黑眶蟾蜍通常是夜行性的，但是在光线昏暗的树林中，它们也会白天出来活动。倘若休息时，它们通常躲藏在石头下面等地方。就像其他蟾蜍一样，黑眶蟾蜍的食谱非常繁杂，但都是肉食，来自各种体型比它的嘴

黑眶蟾蜍（冉浩 摄）

巴小的动物，是重要的天敌动物。黑眶蟾蜍也不喜欢跳跃，它们同样更喜欢爬，当然，它们同样有毒，能够在受到威胁的时候分泌毒液。因此，除部分蛇类会捕食黑眶蟾蜍外，多数蛇类都不会选择捕食它们。黑眶蟾蜍的繁殖期持续得非常长，在我国分布区主要在春夏季节交配。

东方蝾螈

物种档案

拉丁学名：*Cynops orientalis*
别　　名：中国火龙、小娃娃鱼
体　　型：体长 6 ~ 9 厘米
食　　性：肉食性
分类地位：两栖纲 有尾目 蝾螈科 蝾螈属
分　　布：从中国河南向南等多个省份
受胁等级：无危（LR）

在湿润的林间水边或者湿地，你有可能会遇到红肚皮的东方蝾螈（róng yuán）。东方蝾螈看起来有点像大鲵，但是体形小多了。当然，实际上两者的亲缘关系也是比较远的。蝾螈同样也要经历变态发育的过程，从具有鳃的蝌蚪形幼体逐渐发育为长出四肢的蜥蜴形成体。

东方蝾螈

东方蝾螈的主要食物是水生昆虫等小动物，对消灭水中的蚊子幼虫有一定的作用。它们的幼体在水中活动，借助水草隐蔽，成体和蛙类一样可以上岸活动，也能栖息在潮湿的洞穴石缝中，在岸上它们会借助枯叶和草丛隐蔽。东方蝾螈的成体行动缓慢，这

东方蝾螈腹面

使得它们一旦被发现就变得易于捕捉，但它们体内具有毒素，捕食者并不喜欢它们。东方蝾螈被收入了"三有"动物保护名录，应该得到保护。

东方蝾螈（张小峰 摄）

蝌蚪别乱捞

  在蛙类的繁殖季节，我们很容易遇到水中的蝌蚪，甚至当带家人外出游玩时，我们本来是想用网兜去抓一两条鱼，但是最终的结果却捞起了蝌蚪——鱼不好抓，但蝌蚪要好抓得多，不仅靠近水边行动也缓慢地多，于是被捉来玩……

  任何时候，随意捕捉野生动物都是不对的，对蝌蚪来说更是如此。而且，几乎所有的两栖动物都要经历蝌蚪这个阶段，在这个阶段普通人很难区别出到底抓的是哪种两栖动物的蝌蚪。特别是在那些生态环境比较好的地方，也许你遇到的是一些不太常见，甚至是

濒危的两栖动物，因此，有可能捕获一些应该被特别保护的物种，不仅威胁了物种的生存，也有可能因此而触犯法律。

你也不要抱着先抓一些养起来观察，然后再放生的想法。多数情况下，在没有知识背景的前提下，大众很难将蝌蚪养活至成体。而且在小水体、较大密度环境下，蝌蚪产生的代谢产物甚至可以将同类杀死，并且有些种类还有同类相食的现象，这更加大了饲养的难度。事实上，当蝌蚪被普通人捞上来的时候，就基本决定了死亡的命运。虽然一些两栖动物的蝌蚪在自然环境中确实也有很高的死亡率，但这不能成为我们去捕捞蝌蚪的借口。因为我们的行动进一步推高了这种死亡率，会打破物种死亡和生存的平衡，甚至导致种群的衰退，最终绝迹。而且，真的肯把自己养大的动物放归野外原栖息地的人，是极少一部分。因此，这些都不足以作为捕捞蝌蚪的接口。倘若确实对它们有兴趣，不如多到自然环境中去观察它们，了解它们，倘若你能因此而获得一份观察记录或者调查笔记，那是再好不过的事情了。

两栖动物
AMPHIBIANS

物种档案

拉丁学名: *Andrias davidianus*

别　　名: 中国大鲵、娃娃鱼、人鱼、
孩儿鱼、脚鱼、㬎鱼、腊狗

体　　型: 体长 58.2 ~ 83.4 厘米，
大者全长可达 2 米以上

食　　性: 肉食，主要捕食蟹类、
鱼类等水生动物

分类地位: 两栖纲 有尾目 隐鳃鲵科
大鲵属

分　　布: 广泛分布于中国许多地区，
主要集中在陕西南部的
秦岭、巴山、米仓山地区

受胁等级: 极危（CR）

大鲵

　　如果你在深山中沿着溪流、湖岸漫步，抑或是探索山中的泉洞，你可能会遇到这种全世界最大的两栖动物。也许你会被它们巨大且酷似蜥蜴的形貌所吓到，但它们对人类无害。野生大鲵数量稀少，且容易受人类活动影响，因此我们还是尽量避而远之。大鲵因其会发出婴儿啼哭般的声音又得名"娃娃鱼"。不过这悲怆的啼鸣，正逐渐消失在中国的溪流里。

　　由于大鲵的基本特征在中生代或更早期已基本形成，反映了物种进化的历史性阶段，而诸多特征在漫长的岁月中被部分保留了下来，因此大鲵又被称为活化石。两栖动物并没有真正走向陆地，它们的生长发育、交配、孵卵等行为都离不开水，自然，大鲵也不例外。因此它们对水质的要求很高，几乎只能在有清澈水源的地区存在分布。大鲵视力较差，穴居且昼伏夜出，以捕食鱼虾等动物为食，还食用昆虫等。它们的新陈代谢较为缓慢。但是对温度较为敏感。4～5龄既可成熟，且寿命极长，5—10月产卵，卵可达数百枚至千枚，孵卵期间雄性还有护卵行为，30～40天孵化结束。

曾经，大鲵广泛分布于我国，至少有20个省份记录过它的存在。但这一古老的物种实则十分脆弱：自然繁殖困难、幼体成活率极低、迁徙能力极差且对原生环境依赖程度极大，难以忍受水体污染、水利工程修建带来的环境变化。因此伴随着人类社会发展的脚步，大鲵的境况本就

大鲵（冉浩 摄）

已十分危险，并且存在非常严重的盗猎现象。1991 年的科学调查显示，大鲵在野外仍有 2.2 万～2.3 万尾的存量，但到了 2006—2008 年，大鲵在野外仅剩 2000 尾左右。而河南内乡宝天曼自然保护区的野生大鲵在 2010 年已经绝迹。

大鲵的体色多变，但通常为灰褐色，也有暗黑、红棕、土黄、浅褐、金黄等颜色，背腹面常布满不规则深色斑纹，腹面颜色浅淡。由于这些多变的特征，使得人们怀疑大鲵的物种单一性，近年来，随着分子生物学的发展，有学者倾向于将大鲵重新进行细分，拆分为不同的物种。倘若大鲵中确实隐藏了多个物种，其自然保护就更加迫切，同时也更加复杂了。此外，现存的野生大鲵种群的栖息地总体上呈现出破碎化和点状分布的特点，加之迁徙能力弱，种群已经出现遗传退化。如今的大鲵保护工作，不仅仅要恢复数量，还要保护其遗传多样性，因此，保护大鲵的事业任重而道远。大鲵的命运，将取决于全社会的共同努力。

（赵宸枫）

第五章

鱼　类

　　鱼类是脊椎动物中最大的类群，有数万种之多，河流、湖泊和海洋……各种各样的水体中都能见到鱼类的身影。它们是水域生态系统中的关键类群，如果你在水域周围活动，就一定会看到各种鱼类。

　　鱼类，严格来说，应该叫作鱼形动物，是脊椎动物中最早兴起的类群，它们有的体内具有钙化的硬骨，有的体内只有软骨。几乎所有的鱼类都只生活在水中，偶尔有些鱼类会到陆地上来活动。鱼类通过鳃摄取水中的氧，通过鳍来推动身体运动，通过侧线感知身体周围的水流，它们拥有敏锐的嗅觉，浑身覆盖着保护身体的鳞片和黏液。陆地上的脊椎动物的祖先，皆来自早期鱼类。

吃鱼，自古以来就是人类餐饮中的一部分，不过近年来随着野生鱼类资源的逐渐枯竭，我们餐桌上的养殖鱼类所占的比重越来越大。实际上，情况已经相当严峻。渔业资源在全球范围内都正因为全球变暖、海洋污染和过度捕捞而逐渐衰竭，物以稀为贵的事件正在接连不断地上演。以北方蓝鳍金枪鱼（*Thunnus thynnus*）为例，这种被视为顶级食材的大型捕食性鱼类，在过去曾经成群地畅游在海洋中，如今却几乎已经到了灭绝的边缘——每次一条大鱼被捕，都会引起轰动。当然，蓝鳍金枪鱼之后，灭绝的厄运已经开始降临到其他金枪鱼头上。

此外，包括海洋鱼类在内的海洋生物还面临着各种污染物的威胁，除了溶解在水中的化学物质，漂荡在海洋中的塑料垃圾也已经成了海洋动物的极大威胁。这些塑料很难降解，一旦被海洋动物吞进肚子，既不能被消化，也很难被排出，很容易造成它们的消化道堵塞。在水底，渔民随意丢弃的渔网和渔线更是具有强大的杀伤力，它们缠绕或者钩住鱼类和其他海洋动物，将它们活活困死。即使好不容易挣脱，则还要带着残存的丝线活动，甚至在生长过程中嵌入到身体之中，这是相当痛苦的事情。保护海洋鱼类资源，改善海洋环境，已成为当务之急。

高体鳑鲏

在南方的淡水水域中，你有机会邂逅这些漂亮的小鱼，它们常见于湖泊、池塘和河湾的浅水区。高体鳑鲏体色鲜艳，在尾鳍中部还具有一个漂亮的红斑，特别是在繁殖期，雄鱼的体色会越发漂亮。

高体鳑鲏是杂食性鱼类，主要取食藻类和水生昆虫等小型生物，有成群活动的习性。高体鳑鲏的繁殖行为非常有趣，在繁殖季节会出现领地行为。同时，它们会借助蚌类的贝壳来保护卵。雌鱼会将卵产在蚌类的鳃瓣中，孵化出的幼鱼也会在蚌壳中停留一段时间，并借助蚌类的水流获取氧气，待卵黄中的营养基本消耗完后才会离开。

高体鳑鲏

物种档案

拉丁学名：*Tridentiger trigonocephalus*

别　名：纹缟鰕虎

体　型：标准长 5.5～6.6 厘米，
　　　　通常不超过 11 厘米

食　性：肉性为主

分类地位：辐鳍鱼纲 鲈形目 背眼虾虎鱼科
　　　　　缟虾虎鱼属

分　布：包括我国沿海在内的
　　　　西太平洋沿岸

受胁等级：未评估（NE）

纹缟虾虎鱼

在退潮后浅浅的水洼中，你也许有机会遇到纹缟虾虎鱼，它们是一些身上带着黑色条纹的小型鱼类，幼体的体型则会更小，也许只有一两厘米。这些小鱼生活在浅海岸边或者半咸水的河口附近，以水中的小型无脊椎动物等为食。

虾虎鱼（冉浩 摄）

纹缟虾虎鱼的雄鱼有护卵习性。纹缟虾虎鱼和另一种缟虾虎鱼——双带缟虾虎鱼在外观上非常类似，两者也极为容易混淆，特别是在户外观察时，不容易区分。如果细致分辨的话，纹缟虾虎鱼在臀鳍上有一道红色的横纹，可以作为两个物种区分的依据。一般来说，南方多见双带缟虾虎鱼，北方多见纹缟虾虎鱼，由于双带缟虾虎鱼向北的扩散，山东一些海域的双带缟虾虎鱼也可能更多一些。

物种档案

拉丁学名: *Boleophthalmus pectinirostris*

别　　名: 跳鱼、花跳鱼、跳跳鱼、泥猴

体　　型: 标准长 8.3 ~ 12.1 厘米,
　　　　　通常不超过 20 厘米

食　　性: 杂食性,以植食性为主

分类地位: 辐鳍鱼纲 鲈形目 背眼虾虎鱼科
　　　　　大弹涂鱼属

分　　布: 包括我国沿海在内的西太平洋
　　　　　沿岸的暖水区域

受胁等级: 未评估(NE)

大弹涂鱼

如果行走在我国海域潮间带的泥滩上,你将会有相当大的概率遇到这些能够爬上岸的小鱼。甚至初次遇见时,你说不定会被吓一大跳,因为它们会突然从你旁边什么地方跃起,然后像一条爬虫一样准备迅速逃走……

它们确实是鱼,不过是会跑到岸上找食吃的鱼——弹涂鱼。为了适应陆上的活动,弹涂鱼的身体发生了一系列的变化,它们的眼睛上移至头顶,这种青蛙一样的眼睛方便它们一边找食吃一边留意敌人的出现;同样的,它们不仅拥有普通鱼类用尾鳍推动的"后轮驱动"能力,它们的胸鳍也很有力,就像海豹的前肢一样可以拖动身体前进;此外,它们的口腔和体表也得以进化,上面布满的毛细血管可以帮助它们从空气中摄取氧气。

不同的弹涂鱼会上岸寻找不同的食物,弹涂鱼属(*Periophthalmus*)和齿弹涂鱼属(*Periophthalmodon*)以肉食性为主,而青弹涂鱼属

（*Scartelaos*）则是杂食性的。至于如大弹涂鱼，它们以吃素为主，主要的食物为泥地里的微小硅藻类，也取食体形很小的节肢动物，以滤食为主要摄食方式。

大弹涂鱼有极好的耐温、耐盐能力，可以在较低温度和较低盐度下生存，但是不能在淡水中长期生存。大弹涂鱼的腹部有吸盘，可以吸附固定在岩石上，并可利用尾鳍来进行跳跃。大弹涂鱼在泥滩里筑巢，巢穴呈"Y"字形，通常有两到三个巢口。"Y"字形的"V"部分，分前后，可以更新水流，水流从一个叉流入，然后从另一个叉流出。通常巢穴是独占式的，并且往往会划分领地，一些领地的地面可以看到泥墙作为分界。不过在繁殖季节，雌雄鱼可能会同处在一处巢穴内。

大弹涂鱼

玫瑰毒鲉

在南方浅海的岩礁和珊瑚礁沙泥底附近，稍微水深一点的地方，你可能需要留心一下玫瑰毒鲉，因为它伪装得太好了，就像一块石头，所以也被称为石头鱼。很坑的地方在于，它有剧毒，背鳍可以轻易刺入踩

埋伏在水中的玫瑰毒鲉

到它的人的身体里，足以致命，而且这种鱼从来不躲藏……

这与玫瑰毒鲉的习性有关——它是伏击型捕食者，专门吞下从头顶路过的小型鱼类等小动物。为此，它有一双朝上的眼睛和向上倾斜的大嘴，并且做足了伪装。事实上，如果把玫瑰毒鲉拎出来，洗洗干净，它还是蛮漂亮的，体色酷似深红色的玫瑰，因此而得名。不过，它身上常常覆盖着各种东西，起到伪装的效果，因此它也是我们尤其需要注意的鱼类。

比较干净的玫瑰毒鲉

潜水时别乱碰

　　近年来，越来越多的沿海地区开始出现旅游性质的潜水项目，哪怕没有经过严格的潜水训练，我们也有机会体验一把。比如，脸朝下漂在海面上的浮潜。浮潜所需要的技巧不算太多，经过简单培训后就可以进行。当然，即使是浮潜也具有一定的危险性，其主要来自面镜和呼吸管进水，从而造成呛水，亦有相关的死亡案例。因此，即使是浮潜，也应该注意安全。

浮潜

　　另一个需要注意的是，潜水时不要乱碰水下的东西，更不要试图触摸海洋动物。这会干扰海洋生物的正常生活，也有比较大的安全风险。

　　一方面，海底的很多东西，比如礁石，往往比我们想象的要锋利，直接接触很可能会造成割伤，而后者可能会导致感染，一些感染有可能造成严重症状，甚至是致命的。如海洋创伤弧菌感染，其发病很快，会造成组织坏死和器官衰竭而引起死亡，并且它很容易和皮肤病、骨伤病混淆而造成误诊，是非常凶险的疾病。

　　另一方面，海洋生物没我们想的那么温和或安全。一些看起来无害或者不起眼的海洋动物往往是有毒的，甚至是致命的，如玫瑰毒鲉、芋螺等，一旦触碰，则有可能被攻击，造成严重的中毒反应。而另一些海洋动物尽管无毒，但牙齿、螯肢等也能造成严重伤害，如有的潜水员曾被海鳝咬掉手指头。因此，如无必要，尽量不要去触碰、招惹海洋动物。

物种档案

拉丁学名: *Scarus frenatus*

别　　名: 黄鹦哥鱼、网纹鹦哥鱼

体　　型: 全长小于 50 厘米

食　　性: 肉食性

分类地位: 辐鳍鱼纲 隆头鱼目
　　　　　鹦哥鱼科 鹦嘴鱼属

分　　布: 印度洋至西太平洋海域,
　　　　　包括我国海域

受胁等级: 无危（LC）

网条鹦嘴鱼

　　如果你在珊瑚礁区潜水，也许会发现这样一些鱼儿，它们色彩斑斓，但是嘴巴有点怪异，不仅呈现出一副合不拢的样子，而且看起来还挺像鹦鹉的嘴巴。它们就是鹦嘴鱼。鹦嘴鱼不是一种鱼，而是一类鱼，大概有百来种的样子，不过，它们给你的感觉可能种类更多：大多数种类从幼年到成年的过程中体色和花纹要发生比较大的变化，雌性和雄性的体色也不一样。所以，你要认出一种鹦鹉鱼来，相当不容易。不过，总体上来说，雄性鹦嘴鱼偏向于蓝绿色，而幼鱼和雌性会带有一点红色和棕色。对了，它们的性别也不是固定的——鱼群中最壮实的那只雌性，可以变成雄性。

　　至于它们那张嘴巴，里面有坚固又锋利的大板牙，上面还有锯齿。作用是从珊瑚上刮下藻类或者其他什么食物下来的，有时甚至直接把珊瑚啃下一块来，然后"嘎吱嘎吱"吃掉……如果你在附近潜水，会很清晰地听到这些声音。

　　当然，啃下的那些珊瑚是消化不了的，所以，它们会排出白色的珊瑚粉粪便。一条成年鹦嘴鱼一年大概能产生两三百千克这样的珊瑚粉。这些珊瑚粉日积月累，就形成了今天珊瑚岛上那些白色的细沙，比如马尔代夫。在漂亮的海岛上玩玩鱼粪，也挺有趣的。

鹦嘴鱼的另一大专长，就是睡觉。它们平常挺机警，但是睡起来比猪还死。因此，睡觉前要先找个犄角旮旯藏好。它们睡觉很讲究，会用嘴巴吐出黏液，这些黏液会慢慢地将它们包裹住，然后形成一个透明的"茧子"。第二天早上起床，本着废品利用的原则，它们还会把这些黏液吃回去。

至于制作这个"睡袋茧"的好处，似乎不少。如果捕食者来袭，最先咬到的是滑溜溜的黏液，而不是

网条鹦嘴鱼

它们的身体，为它们争取逃跑时间；也能包住它们的气味，以免被捕食者闻到。此外，夜间在珊瑚礁活动的那些寄生虫也没有机会接近鹦嘴鱼，因此，这个"茧子"也是鹦嘴鱼为自己做的一个舒适的"蚊帐"。

野生鱼类不要乱吃

在全球范围内，人们都有在水里捞鱼吃的习惯，并且基于此，产生了渔业。但这并不意味着我们在野外就可以随便捕鱼来吃。也并不是捞上来稀里糊涂的什么鱼都可以吃，首先必须要先认出这是什么鱼。不仅仅是因为有些鱼类是保护动物，乱捕乱吃有可能引来牢狱之灾，而且有大量的鱼是有毒的。特别是一些鱼类的养殖个体是无毒的，但同一物种的野生个体却往往是有毒的。比如在很多海洋鱼类体内都有雪卡毒素，它源自海洋藻类，并在取食的鱼体内积累，时间越长毒性越强。这种毒素对很多鱼类的影响不大，但是对

人来说就不一样了。雪卡毒素没有有效的解毒剂，有可能会致命。这种毒素在鱼体内的含量也没有什么规律，一般珊瑚礁鱼类容易含有，目前已经记录到 400 多种鱼类含有这种毒素。

另外就是处理野生鱼类的方式也可能存在风险。尽管从疾病传播的角度来说食用鱼类风险相对较小，但也能传播如森林脑炎病毒、西伯鼻孢子菌、小肠结肠耶氏菌、李氏杆菌、丹毒杆菌、海分枝杆菌、嗜血分枝杆菌、化脓分枝杆菌、溃疡分枝杆菌、E 型肉毒梭菌、艰难梭菌、弧菌、立克次氏体及异尖线虫等病原体和寄生虫。因此，处理食材时应避免伤口接触，饮食时应尽量注意做熟，特别是淡水鱼类，不要做成生吃的刺身。

野生鱼类也是野生动物。在野外，我们如果没有必须的理由，不应该随意捕捞野生鱼类，特别是当这些鱼类处于繁殖期的时候。如果需要进行捕捞作业，也应该按照科学的指导来规划和进行，一旦发现捞获了珍稀的或受保护的鱼类等水生动物，要及时原地放生。

物种档案

拉丁学名：*Platorhinchus chaetodonoides*

别　　名：斑胡椒鲷、燕子花旦、
　　　　　打铁婆、花脸

体　　型：标准长约60厘米，
　　　　　全长不超过72厘米

分类地位：辐鳍鱼纲 鲈形目
　　　　　石鲈科 胡椒鲷属

食　　性：肉食性

分　　布：从印度向西，直到日本
　　　　　和澳洲的广大海域

受胁等级：未评估（NE）

厚唇石鲈

　　如果潜入水下，游弋在珊瑚礁中，你很可能会在礁石下或者岩洞中看到淡定的浅黄色大鱼，它们的体型不小，几乎有一张小书桌那么长，身上还布满了黑色的斑点。而当你进入到密集的珊瑚礁内时，你也许会看到一些单独生活的，身上带有大块白斑的红褐色小鱼。你多半会认为你遇到了两种鱼，然而事实是，它们是同一种鱼。

　　这种鱼的名字叫厚唇石鲈或者斑胡椒鲷，是印度洋和太平洋常见的鱼类，在我国沿海也有分布。你看到的那些大鱼，是它们的成年体，它们拥有厚厚的嘴唇，很容易和其他鱼类区分出来。成年的厚唇石鲈能独自行动，也会成群活动，它们捕食小鱼，也吃水底的虾蟹。

　　非常有趣的是，你在水中有可能

厚唇石鲈的成体

会听到它们发出的呼噜声。这些声音来自它们扁平牙齿的摩擦声，然后被鳔放大。所以有时候它们也被称为呼噜鱼。

成年的厚唇石鲈雌鱼在珊瑚礁内产卵后，由雄鱼在体外受精。然后，就听天由命了。因此，小鱼在孵化出来以后必须要有保命的手段。它们采用了生物界最常用的一招——拟态，你看，从外观上看，它们像不像一小截珊瑚枝？而且它们游泳的样子摇摇摆摆，实际上是在模仿那些有毒的海蛞蝓的姿态。后者是海洋软体动物，它们体色鲜艳，布满斑点，身上具有毒腺，对很多海洋动物都有震慑能力。所以，小厚唇石鲈也就努力地模仿它们，装作自己很有毒的样子。

小厚唇石鲈会很快长大，随着身体的增大，自卫能力增强，也就渐渐抛弃了原来的拟态。它们身上原来的白斑里会逐渐填满深色的斑点，那珊瑚枝一样的斑纹也会逐渐拆解成一群斑点。最后，成年的厚唇石鲈浑身均匀地布满斑点。大鱼的身上为什么会有这些均匀的斑点？那是因为这些斑点可以有效地隐身化，消除它们的轮廓线，让它们更容易融入周围的环境中。这就像斑马和老虎身上的条纹或者豹子身上的斑点，不管是躲避天敌还是偷袭猎物，都是很好的伪装。

厚唇石鲈的幼体

物种档案

拉丁学名: *lactoria cornuta*

别　名: 角箱鲀、长角牛鱼

体　型: 全长约 40 厘米，
通常不超过 46 厘米

分类地位: 辐鳍鱼纲 鲀形目
箱鲀科 角箱鲀属

食　性: 杂食

分　布: 从印度洋到太平洋西岸的
广大浅海地区

受胁等级: 未评估（NE）

牛角鲀

　　牛角鲀的活动水深一般不超过 50 米，是一种喜欢在珊瑚丛中游弋的鱼类，你也很容易在海底潜水时遇到它。牛角鲀属于一个被称为箱鲀的鱼类家族。你从名字上就能猜出来，这个鱼类家族成员的外形都很特别——就像一个方方正正的箱子。方块一样的体型，再配上又小又萌的鱼鳍，箱鲀们的游泳速度普遍比较慢，牛角鲀也不例外。

　　牛角鲀不是什么大型鱼类，最大也就和菜市场的鲤鱼差不多大。但你最好还是不要尝试触摸和捕捉它。不仅仅因为不应该随意捕捉野生动物，这家伙的皮肤也有毒，能够渗出很厉害的毒液，可能会伤到你。牛角鲀的性子就像牛脾气一样刚烈，发怒时它会不分场合地使用毒液。这些毒液扩散到水中，能让惊扰它的鱼类中毒死亡，在封闭的水族箱中受害者甚至包括它自己。

　　牛角鲀的生活就像牛一样，多数时候都是慢悠悠的样子——慢悠悠地游泳，慢悠悠地吃草……哦，还是有点不一样，牛角鲀不仅吃海藻，它还吃肉食，这家伙是杂食的。毕竟对这个慢性子来说，什么都能吃一点，才能慢慢地填饱肚子。

至于牛角鲀的这对角，成分和牛角还真的很类似，里面也是空心的，而且可以再生。通常，在几个月内，折断的尖角就能够重新长出来了。这对角的作用是使它不容易被捕食者一口吞下去。如果你注意观察，就会发现，它并不只有头上有角，身后也还有呢，所以，这家伙实际上是个简易版的刺猬，对于敌人来说非常不适合吞下肚去。

牛角鲀

物种档案

拉丁学名: *Heniochus diphreutes*
别　　名: 多棘马夫鱼
体　　型: 全长 18 ～ 21 厘米
食　　性: 肉食性
分类地位: 辐鳍鱼纲 鲈形目 蝴蝶鱼科
　　　　　立旗鲷属
分　　布: 印度洋至太平洋海域
受胁等级: 无危 (LC)

多棘立旗鲷

　　在海洋里，有一类看起来非常漂亮的鱼，它们颜色各异，但是形态却与多数鱼类不太一样，它们身体扁平，在海水里翩翩游动。人们觉得这幅景象很像在海洋中飞舞的蝴蝶，于是，给它们起名叫蝴蝶鱼。

　　全世界大概有一百多种蝴蝶鱼，不过说起它们来，有些地方还真是和蝴蝶相似，比如，在它们的身上也有眼斑。这事得从它们小时候说起。

　　蝴蝶鱼生活在浅海的珊瑚礁里，虽然身体漂亮，但实际上没有什么战斗力，小的时候更是如此。它们刚孵化出来的时候，是靠漂而不是游抵达珊瑚礁的，然后才变成幼鱼。为了逃脱敌害，它们把自己的前后偷偷颠倒了一下——幼鱼背部和尾巴相接的地方长出了黑色的醒目斑点，就如同身体两侧的眼睛，而真正头部的眼睛那里，却用有色的条纹遮挡了起来。这样，对于一条扁扁的"方块"鱼来说，远远看去，有尾巴的那一端倒更像是头部。而为了防止猎物被发现，一般捕食者喜欢绕到后面去进攻，于是，蝴蝶鱼反而有了发现捕食者的机会；而另一些捕食者可能会袭击头部，一击致命，但如果它实际上袭击的是尾部，蝴蝶鱼就不会受到致命伤，对不对？因此，这双假眼作用大着呢。

但是，这对假眼不会跟随它们终身，多数蝴蝶鱼在成年以后不再具有假眼，只有少数蝴蝶鱼会一直保留。

大约长到二三十厘米，蝴蝶鱼就算成年了。成年的蝴蝶鱼通常会单独行动，不过也有群居的物种，比如多棘立旗鲷。有时候，它们也被称为集群旗帜鱼，因为它们的背上有一条如同皇家骑士的旗帜一样的软条，而且拉得挺长⋯⋯

潜水时邂逅多棘立旗鲷鱼群

那些孤独行动的蝴蝶鱼物种直到找到它们的伴侣后，才会结束单身的流浪生活。而且很多蝴蝶鱼始终只与唯一的伴侣交配产卵。这一点，倒是有点像天鹅。当然，你不要相信鱼类只能记几分钟之类的谣言，要是真那样，有多少伴侣也都丢了。

长吻钻嘴鱼（*Chelmon rostratus*）也被称为三间火箭，是分布在从印度洋到西太平洋海域的蝴蝶鱼类

虽然蝴蝶鱼在珊瑚礁生活，但是并不在珊瑚礁产卵，而是要上浮到接近海面的地方。这个过程由雄鱼来引导。卵很快就能孵化。然而刚孵出的仔鱼还不能回到珊瑚礁，它们要在海里漂荡一两个月才能找到珊瑚礁定居。唉……要是直接把卵产到珊瑚礁，小家伙不就不用这么受苦了吗？这是实力坑娃啊？

但是，蝴蝶鱼可能有自己的逻辑。你想啊，在海洋浅层的鱼宝宝经过漂荡以后，是不是会远离自己的出生地？而那里可能是全新的珊瑚礁。这些随着海波漂流的小鱼就如同随风传播的种子一样，会把自己的种族扩散到海洋的各个地方。

宽海蛾鱼

物种档案

拉丁学名：*Eurypegasus draconis*
别　　名：龙海蛾鱼、海蛾鱼、小龙鱼
体　　型：全长小于 10 厘米
食　　性：肉食性
分类地位：辐鳍鱼纲 海龙鱼目 海蛾鱼科
　　　　　宽海蛾鱼属
分　　布：印度洋至太平洋海域
受胁等级：无危（LC）

　　以宽海蛾鱼为代表的海蛾鱼类虽然被称为"水中的蛾子"，但海蛾鱼的拉丁学名却是相当高大上的，是"*Pegasus*"，这个词可是来自古希腊神话中最著名的幻想生物飞马，大概是给这类鱼起名字的生物学家看到了它们那夸张的胸鳍，觉得这对鱼鳍很像飞马的翅膀吧？

　　然而细看这一对"翅膀"，就会发现其实那里还有两条很萌的肉质"小短腿"，实际上是两个特殊的鳍，可以在水中支持其身体的重量。这两条"小腿"非常灵活，但其实并不是很有力，而是由于水的浮力作用，帮它消除了大半部分体重，如果真要跑到陆地上来，那纤细的"小腿"可吃不消。

　　还有，这些家伙也没有马那么大，只能和马蹄子比比——通常也就是 10 多厘米的样子。不过，你说不定能够见到它，因为它们主要分布在从印度洋到澳大利亚这一带的海域，我国的一部分领海正好落在它们的分布区域中。

　　海蛾鱼不喜欢在水里游的另一个原因，是因为它的身上配备着防御性的骨质铠甲，而且这些骨甲居然还扣在了一起，简直成了鱼类版的"乌龟"，游起来可能会太费力气了。而且海蛾鱼的背部保护色非常好，如果它们在水底，捕食者只能从上向下鸟瞰它，而它完全可以借助海底的光影把自己完美地隐藏起来。一旦游动起来，捕食者会获得更多视角，反而会暴露自己。

　　海蛾鱼也确实适应了海底生活。它们主要以底栖小型无脊椎动物为食。

宽海蛾鱼

物种档案

拉丁学名：*Cypselurus poecilopterus*

别　　名：斑鳍飞鱼、黄鳍燕鳐、黄飞鱼

体　　型：全长约 20 厘米，
　　　　　通常不超过 27 厘米

食　　性：肉食性

分类地位：辐鳍鱼纲 颌针目
　　　　　飞鱼科 燕鳐属

分　　布：西太平洋至印度洋海域

受胁等级：未评估（NE）

花鳍燕鳐

在海上旅行时，你也许有机会看到在海面上起飞的鱼，没错，真的可以飞起来。这些鱼被人们称为飞鱼，燕鳐正是其中的一类——它们在水面上空掠过的时候，确实有点像燕子。当然，那不是真正的翅膀，而是被强化了的胸鳍。

滑翔中的花鳍燕鳐

燕鳐的种类不少，但起飞的方式都差不多。它们靠强健的尾鳍在水中获得初速度，然后借此跃出水面。在跃出水面后，尾鳍在彻底脱离水面前还会持续摆动，在水面进一步获得动能，并张开胸鳍，迎风起飞。一旦完全离开水面，燕鳐就不能再获得动力了，它们不能像鸟类一样拍打翅膀。因此，胸鳍仅仅是起到滑翔的作用。严格来说，燕鳐不是在飞，而是在滑翔。燕鳐的滑翔行为可以帮助它们躲避水中的敌人，但是同时也会招来天上的敌人，因此，这种行为也是一把双刃剑了。

燕鳐起飞，并留下尾部运动的波痕

鱼类
FISHES

鲸鲨

物种档案

拉丁学名: *Rhincodon typus*
体　　型: 全长约10米，可以更大
食　　性: 肉食性
分类地位: 软骨鱼纲　须鲨目
　　　　　鲸鲨科　鲸鲨属
分　　布: 全球热带和温带海域
受胁等级: 濒危（EN）

在动画电影《海底总动员2》中，鲸鲨运儿是一个非常重要的角色，可惜它的视力不太好，经常会撞到水族馆的墙。虽然现实中的鲸鲨的眼睛确实有点小，但撞墙这种事情仍然还是不可能发生的。鲨鱼具有很强的感知水体电场变化的能力，它们能够轻易借助这一手段判别前方的障碍物。至于电影中这样设定，多半是为了吐槽鲸鲨巨大的身体和小小的水池之间的不协调。

鲸鲨确实很大，尽管在地球历史上曾经出现过更大型的鱼类，比如巨齿鲨，但那些巨型鱼类早已灭绝，在现生鱼类中，鲸鲨就是最大的。它们可以长到12米长，比一辆大巴车还要长，甚至曾有过20米长、37吨重的雌性

鲸鲨

鲸鲨的记录，当然，那应该是一条老鲨鱼，并且数据的可靠性存疑。

尽管鲸鲨的嘴巴里长了很多细小的牙齿，但它们并不捕食大型的猎物，与蝠鲼相似，它们通过鳃从水里滤食小鱼虾等动物。不过，鲸鲨没有蝠鲼的头鳍来聚拢食物，但它们可以调整嘴巴的朝向。由于鲸鲨这样的食性，它们的脾气还算温和，通常也不会主动攻击人。

目前，我们对鲸鲨的了解还不是很充分。不过由于有人在雌性鲸鲨的肚子里发现了 300 多个幼鲨的胚胎，我们可以确定，与很多鲨鱼一样，鲸鲨至少是卵胎生的，它们至少会在母体中发育到大约 60 厘米长。

鲸鲨主要在热带和亚热带海域活动，根据安装在它们身上的可分离浮标记录，它们可以下潜到 1000 米以下的水深，不过它们在深水区进行哪些活动尚不清楚。鲸鲨有时会在南北半球之间洄游，在我国

鲸鲨在水面吸水觅食

的南海、东海、台湾海峡及黄海南部有分布。鲸鲨虽然大，但是性子温顺，只捕食小鱼虾和浮游生物。目前，鲸鲨的数量已经很少，在我国，它们属于国家二级保护动物。

姥鲨

在体育竞技中，人们往往对冠军印象深刻，却不怎么记得亚军的名字。姥鲨的体型在鱼类中屈居第二名，仅次于鲸鲨，性情却是一等一的温柔。这就是姥鲨科及姥鲨属中的唯一成员——姥鲨。1851 年，一条长达 12.27 米的姥鲨被发现缠在加拿大芬迪湾的鲱鱼网中。这是迄今为止最大的姥鲨标本。

不是所有名字里带"鲨"字的都有血盆大口，带给人大白鲨一样的恐怖观感。与位居海洋食物链顶端的大白鲨相比，滤食浮游生物和小型鱼类的姥鲨显然属于"佛系"一族。别看张开大嘴时气势十足，仿佛嘴里藏着个黑洞，它们其实"懒"得要命，不仅被动呼吸，还被动进食。

姥鲨嘴里有 5 对鳃弓，每个鳃弓都长有数千根长约 7 厘米的鳃耙。游泳时，它们会长开宽度超过 1 米的大嘴，连食物带水都"吞"进去，以鳃耙分离出浮游生物，再将水从鳃排出。

游速缓慢，又不具攻击性，姥鲨得以在遍布掠食者的海洋中繁衍至今，靠的便是那巨大的体型。然而，这种延续了四亿二千万年的生存策略在面对贪婪的人类时，却毫无作用。

提到鲨鱼，很多人最先想到的是鱼翅。但对人来说，姥鲨的"经济价值"更高：它们的鱼皮可以制成皮革，鱼肉可以食用或制成鱼粉；在东亚，它们和鲸鲨的鱼鳍被制成食客趋之若鹜的极品鱼翅——"天九翅"，在日本，它们的软骨则被用于制作"春药"；而它们那富含角鲨烯的占体重三分之一的肝脏，则被用于炼制鱼肝油和提炼角鲨烷制造护肤品。爱尔兰的阿基尔岛拥有悠久的捕鲨历史。自18世纪开始，当地渔民就在姥鲨经常出

姥鲨

没的海湾布设渔网，猎捕这种温和的巨鲨。在捕鱼业的鼎盛时期，当地人每年捕杀约1500条姥鲨。当北美洲东岸的工业机器在抹香鲸鲸油的"滋润"下开足马力时，来自姥鲨的鱼肝油点亮了爱尔兰的路灯。

姥鲨在6～13岁达到性成熟，繁殖期更是长达2～4年。除了人类的过度捕杀，漫长的繁殖期也是它们导致数量锐减的重要原因。两百年前，姥鲨的种群数量非常庞大，在各大温带海洋中都能见到其身影。姥鲨的一个别名"太阳鲨"便是源于它们喜欢在浅海觅食和晒太阳的习性。然而，近年来姥鲨的数量严重下降，近岸浅海已经很难见到。今天，姥鲨同样位列国家二级保护动物。（张蕾）

相遇Tips

放生不当惹麻烦

近年来，放生动物的行为经常发生，但并不全是好事，有些还惹出了不少麻烦。如2015年《南方都市报》报道一名8岁男童和一名女子在深圳盐田背仔角海滩戏水，却遭遇海鳗攻击，男童双脚缝近百针，女子脚部缝四针。沙滩浅海哪来的海鳗？是之前有人在这里放生来的，而且一次放生了很多。

这样的事情并非第一次发生，如2012年儿童节那天，10多名北京的放生客跑到河北省兴隆县苗耳洞村放生了数千条蛇，引发村民恐慌，结果全村男丁出动打蛇，最后以放生客赔偿村民而收场闹剧。两年后，有人在广东的公园放生一批眼镜蛇，也是一样的荒唐。

在部分人看来，放生被视为一种积德的行为，总的来说，善良的人还是占多数，没多少人愿意让好心办坏事的事情发生在自己的身上，尽管有时候确实发生了。而且，不当放生不仅可以带来安全隐患，甚至有可能威胁生态安全。

以红耳龟（*Trachemys scripta elegans*）为例，这家伙又叫巴西龟，原产地为美国中部，它的适应能力极强，超级好养，是地摊宠物贩子的最爱之一，为此还给它起了各种吉祥的名字，其在我国每年的养殖总量为上千万只，在龟类宠物市场上已占据了绝对优势，连著名电影《赤壁》里诸葛亮都在用它占卜天象……事实证明，由于其产量高、价格低廉，也成了放生爱好者的最爱之一。但是这家伙可是上了世界自然保护联盟黑名单的，作为世界上100种最具破坏力的入侵物种之一，它可以通过竞争和捕食作用造成本土鱼类、蛙类、龟鳖类等多个动物类群减少甚至灭绝。单以龟鳖类来说，红耳龟至少能对我国一半的淡水龟物种造成严重影响，其逃逸到野生环境中不啻生态灾难。现在，它们已经在长江、珠江和西湖等地形成野生种群。而这其中，放生者功不可没，以佛教名山普陀山为例，仅2005年一年清理出的红耳龟就有286只。如此，名为放生，对于本土野生物种来说，实为杀生。

放生的人，希望放生的动物回归自然，这是好心，但很多时候事与愿违。如某地冬季大批放生鸟类，结果造成大量冻死、饿死。又如2009年，同样是《南方都市报》报道了有人在海边放生乌龟，乌龟下水以后一次次爬了回来，场面让人"感动"，于是，工作人员就抓住乌龟朝着更远的海面扔去，最后，小乌龟消失不见了，但

非常粗放的放生方式

估计小龟在天上飞的时候，内心恐怕已经崩溃了。因为从图片看，人家是国家二级保护动物缅甸陆龟（*Indotestudo elongata*），不会游泳。这并非个案，还有"高僧"坐船到深水处，将陆龟小心翼翼地放下去……

　　放生的底线是让动物活下去，并且不对生态环境造成危害。放生之前，请先搞清楚自己放生的到底是什么动物，了解它的习性、生活环境，对本土环境会不会有破坏作用等，这是要做的基本功课。以此为前提，要慎重选择放生的时间、地点和环境，尽量放回原栖息地，而且要认真考虑环境的承载力。需要特别指出的是，南北物种不能调换放生地点，如南方蛇类如果在北方放生可能会被冻死或

在船上放生小鲔（*Euthynnus alletteratus*）

造成环境危害。

其次，被放生的动物的身体状态要好，如果疾病尚未痊愈或行为、肢体、感官等方面仍存在问题并且这些问题有可能会影响日后生存的，都不建议放生到野外。如一些迁徙中落伍的鸟类，经人为救助，已经康复，应该及时将它们运往迁徙地，选择环境适宜的地点放飞。

现在很多地方，"爱心人士"不是去救助野生动物，而是去市场买来放生，结果，放生已经成了一股拉动宠物和野生动物贩卖市场的力量。鸟类研究专家刘慧莉曾直言："大家看到一只活的放生鸟，背后是更多的尸体，在粘网上、在运输过程中，有大量的鸟类死亡。有研究人员告诉我，1只放生鸟背后是20只尸体。"这样的放生背后未免太过残酷。

"没有买卖就没有杀害"，比如原来没人捕捉喜鹊，现在放生喜鹊的人多了，才有了贩卖捕捉喜鹊的行当。相比买来被捕捉的野生动物放生"积德"这样狭隘的"小放生"，掌握商贩买卖野生动物的证据（如拍照、录音），直接向当地管理陆生野生动物的林业管理部门或管理水生野生动物的渔业部门举报，求助于政府执法力量，斩断其利益链，方为上策，是为"大放生"。

同样的道理，如果有救助鸟儿的爱心，不如在候鸟迁徙时守护在其飞行迁徙的必经路线上，救助受伤的鸟儿，劝说、阻止和震慑那些因为各种原因想捕捉鸟儿的人；同样，去买鸟放生的话，不如去捕鸟的村民中传播鸟类保护的意识，帮助他们去寻找别的致富门路。

甚至可以更进一步，造林、护林，为动物创造栖息地，守护它们，让它们世代繁衍，不比不论死活的狭隘放生要好？清理河流、水体中的垃圾、塑料袋，让鱼龟等水生动物少吞食一些，岂不同样救命？换言之，即使少扔一些塑料袋之类的垃圾，也能让其他生物少受一点影响。若心中有大爱，又何必拘泥于放生的形式？

后 记

亲爱的朋友，读到这里，本书已经接近尾声，在这本书的编写过程中，我也收获良多，希望您同样也能有所收获。

我们在日常生活中经常会遇到野生动物，只是有时候我们并不能意识到这一点，也常常不会在潜意识中将它们和猫狗等流浪动物区分开。事实上，它们是完全不同的动物类型，保护野生动物也与流浪猫狗无关。与野生动物不同，后者进入城市生态系统或者周围其他生态系统，往往会引起大麻烦。当然，它们也与那些入侵到我国的外来物种不同，如淡水白鲳、红火蚁等，后者对我们本土的生态系统具有严重的干扰作用。野生动物与它们不同，是我们本土生态系统中原本存在的一部分，是保证我们生态系统健康的关键一环。

也正是因为如此，我们一定要善待那些偶然相遇的本土野生动物。很多时候，对双方而言，确实都是不期而遇的。既然如此，双方最好都能保持距离，远远地观望和拍照都不是问题，但是请不要试图过度接近、触摸或者捕捉它们。大自然中的动物，让它们能够自由地生活在自然中，就好。倘若确实有爱护动物之心，从我做起，守护好我们共同的生态环境，便是最好的做法。

受限于篇幅限制，这本书一共介绍了一百个野生动物种类，你都有机会与它们相遇或者已经遇到过其中的一部分。然而，这些只是众多野生动物中的极少一部分，还不能完全覆盖你可能会遇到的野生动物。即便如此，我也很高兴能有机会写这样一本书，从我们自己力所能及的角度来做一些事情。我相信，当我们每个人都能怀着这样的心态来工作时，我们就会一点点进步，时代的力量就会缓缓向前。

最后，这本书的成书仍算仓促，一些内容未必完全准确，一些观点未必不会有失偏颇。若有此种情况，我首先在此真诚地道歉，然后肯定您可以不吝指正，我们愿意为此进行改正。而且，在信息爆炸的当代，知识更新速度很快，其中难免有些信息会在本书付梓后有所变化。因此，相关情况请以最新的信息为准，我们也会在再版时做出调整，也欢迎您联系我们进行指正。

最后，祝您未来的阅读生活愉快，祝您工作顺利，阖家幸福。

冉浩

2021 年 4 月

图片版权说明

本书作者充分尊重图片作者的著作权，并严格按照图片使用之约定在本页标注来自商业图库、知识共享许可协议（CC协议）、公共领域（Public Domain）等授权或许可之图片具体来源。所有误标、错标或漏标情况均为无心之失，绝无侵犯原作者权益之意图，若有此类情况，我们愿意先行致歉。任何错误和失误欢迎告知本书作者（ranh@vip.163.com）或出版社，以便及时进行更正。图片具体来源如下：

第一章　兽类

P15. 右下: dreamstime/图虫创意/商业图库授权; P20. 左下: dreamstime/图虫创意/商业图库授权; 右下: Erni/Adobe Stock/图虫创意/商业图库授权; P25. ueuaphoto/Adobe Stock/图虫创意/商业图库授权; P27. 图虫创意/商业图库授权; P34. dreamstime/图虫创意/商业图库授权; P36. 漠子/图虫创意/商业图库授权; P38. Rushenb/Wikimedia Commons/CC BY-SA 4.0; P42. deposit/图虫创意/商业图库授权; P44. 健忘的行摄世界/图虫创意/商业图库授权; P46. 漠上尘пусты-пыль/图虫创意/商业图库授权;P47. Andy Li/图虫创意/商业图库授权; P49. deposit/图虫创意/商业图库授权; P51. imageBROKER/图虫创意/商业图库授权; P53. dreamstime/图虫创意/商业图库授权; P55. deposit/图虫创意/商业图库授权; P57. panther/图虫创意/商业图库授权; P59. deposit/图虫创意/商业图库授权; P62. 图虫创意/商业图库授权; P64. giedriius/Adobe Stock/图虫创意; P65. deposit/图虫创意/商业图库授权; P67. hakoar/Adobe Stock/图虫创意; P69. sittitap/Adobe Stock/图虫创意/商业图库授权; P71. 聪果/图虫创意/商业图库授权.

第二章　鸟类

P78. dreamstime/图虫创意/商业图库授权; P79. 上: dreamstime/图虫创意/商业图库授权; 下: dreamstime/图虫创意/商业图库授权; P80. 上: dreamstime/图虫创意/商业图库授权; P81. 上: Dibyendu Ash/Wikimedia Commons/CC BY-SA 4.0; 下: Dibyendu Ash/Wikimedia Commons/CC BY-SA 3.0; P83. Nikki/Adobe Stock/图虫创意; P85. dreamstime/图虫创意/商业图库授权; P86. deposit/图虫创意/商业图库授权; P88. Tomju48/Wikimedia Commons/CC-BY-SA 3.0; P89. abiwarner / deposit / 图虫创意; P90. Karlos Lomsky/Adobe Stock/图虫创意; P91. feather0510/deposit/图虫创意; P92. PIXATERRA/Adobe Stock/图虫创意; P94. dreamstime/图虫创意/商业图库授权; P97. dreamstime/图虫创意/商业图库授权; P99. dreamstime/图虫创意/商业图库授权; P100. Maga-chan/Wikimedia Commons/CC-BY-SA 2.5; P102. deposit/图虫创意/商业图库授权; P104. deposit/图虫创意/商业图库授权; P106. dreamstime/图虫创意/商业图库授权; P108. deposit/图虫创意/商业图库授权; P110. deposit/图虫创意/商业图库授权; P112. dreamstime/图虫创意/商业图库授权; P113. deposit/图虫创意/商业图库授权; P115. isavira/Adobe Stock/图虫创意; P119. dreamstime/图虫创意/商业图库授权; P121. deposit/图虫创意/商业图库授权; P122. dreamstime/图虫创意/商业图库授权; P125. dreamstime/图虫创意/商业图库授权; P127. deposit/图虫创意/商业图库授权; P129. 红片/图虫创意/商业图库授权; P131. dreamstime/

图虫创意/商业图库授权; P136. dreamstime/图虫创意/商业图库授权; P139. dreamstime/图虫创意/商业图库授权; P140. petrsalinger/Adobe Stock/图虫创意; P142. OndrejProsicky/deposit/图虫创意.

第三章　爬行动物

P148. mgkuijpers/Adobe Stock/图虫创意/商业图库授权; P152. dreamstime/图虫创意/商业图库授权; P153. steve kharmawphlang/ Wikimedia Commons /CC BY 2.0; P163. eyeem/图虫创意/商业图库授权; P165. mgkuijpers/Adobe Stock/图虫创意/商业图库授权; P167. homas Brown/ Wikimedia Commons & Flickr /CC BY 2.0; P171. 上: dreamstime/图虫创意/商业图库授权; P173. dreamstime/图虫创意/商业图库授权; P175. Simon J. Tonge/ Wikimedia Commons & calphotos.berkeley.edu/CC BY 3.0; P176. sunti/Adobe Stock/图虫创意/商业图库授权; P179. لا اعرفه/Wikimedia Commons/CC0 1.0; P181. photoshot/图虫创意/商业图库授权; P183. deposit/图虫创意/商业图库授权; P185. dreamstime/图虫创意/商业图库授权; P187. 上: dreamstime/图虫创意/商业图库授权; P188. dreamstime/图虫创意/商业图库授权.

第四章　两栖动物

P196. 晓宇KevinChen/图虫创意/商业图库授权; P197. 晓宇KevinChen/图虫创意/商业图库授权; P201. Thomas Brown/ Wikimedia Commons & Flickr/CC BY 2.0; P202. 航程新起点/Tuchong Genius; P203. Patara/Adobe Stock/图虫创意/商业图库授权; P202. ingram/图虫创意/商业图库授权; P207. 生灵奇境/图虫创意/商业图库授权; P208. 无名歪歪/图虫创意/商业图库授权; P209. 生灵奇境/图虫创意/商业图库授权; P210. Huangweile/图虫创意/商业图库授权; P212. Jeff Lorch/USGS/Public Domain; P213. Quirltreiber/commons.wikimedia.org/Public Domain; P214. Olga/Adobe Stock/图虫创意/商业图库授权.

第五章　鱼类

P221. feathercollector/Adobe Stock/图虫创意/商业图库授权; P224. 噢-乖/图虫创意/商业图库授权; P225. kichigin19/Adobe Stock/图虫创意/商业图库授权; P226. Rob/Adobe Stock/图虫创意/商业图库授权; P227. damedias/Adobe Stock/图虫创意/商业图库授权; P230. mirecca/Adobe Stock/图虫创意/商业图库授权; P231. Monstar Studio/Adobe Stock/图虫创意/商业图库授权; P233. anemone/Adobe Stock/图虫创意/商业图库授权; P234. GeraldRobertFischer/Adobe Stock/图虫创意/商业图库授权; P236. Ann Hayes/Adobe Stock/图虫创意/商业图库授权; P238. designpics/图虫创意/商业图库授权; P239. Aleksandra/Adobe Stock/图虫创意/商业图库授权; P241. GeraldRobertFischer/Adobe Stock/图虫创意/商业图库授权; P242. feathercollector/Adobe Stock/图虫创意/商业图库授权; P243. designpics/图虫创意/商业图库授权; P244. dreamstime/图虫创意/商业图库授权; P245. deposit/图虫创意/商业图库授权; P247. photoshot/图虫创意/商业图库授权; P249. Hugo洪/图虫创意/商业图库授权; P250. designpics/图虫创意/商业图库授权.

附录一

我的野外相遇记录（样表）		
20　年　月　日　时	天气：	气温：　　℃
动物	□单独活动　□成群活动，大致数量：	
地点	省　　　　市	
海拔		
地形	□平原　□山地　□丘陵　□高原　□盆地　补充：	
生境	□居民区 □农田 □草地 □林地 □荒漠 □沙漠 □近海 □河流 □湖泊 □溪流 □湿地 □其他（　　　　　）	
概述		
详细记录		
备注：记录应包括动物活动的环境场景、密切相关的植物种类、动物的形态、数量、年龄状况、典型行为等，如有手机、相机等可拍照或录像，写清拍照和录像时间以便后期整理。		

附录二

国家重点保护野生动物名录*

中文名	学名	保护级别		备注
脊索动物门 CHORDATA				
哺乳纲 MAMMALIA				
灵长目#	PRIMATES			
懒猴科	Lorisidae			
蜂猴	*Nycticebus bengalensis*	一级		
倭蜂猴	*Nycticebus pygmaeus*	一级		
猴科	Cercopithecidae			
短尾猴	*Macaca arctoides*		二级	
熊猴	*Macaca assamensis*		二级	
台湾猴	*Macaca cyclopis*	一级		
北豚尾猴	*Macaca leonina*	一级		原名"豚尾猴"
白颊猕猴	*Macaca leucogenys*		二级	
猕猴	*Macaca mulatta*		二级	
藏南猕猴	*Macaca munzala*		二级	
藏酋猴	*Macaca thibetana*		二级	
喜山长尾叶猴	*Semnopithecus schistaceus*	一级		
印支灰叶猴	*Trachypithecus crepusculus*	一级		
黑叶猴	*Trachypithecus francoisi*	一级		
菲氏叶猴	*Trachypithecus phayrei*	一级		
戴帽叶猴	*Trachypithecus pileatus*	一级		
白头叶猴	*Trachypithecus leucocephalus*	一级		
肖氏乌叶猴	*Trachypithecus shortridgei*	一级		
滇金丝猴	*Rhinopithecus bieti*	一级		
黔金丝猴	*Rhinopithecus brelichi*	一级		
川金丝猴	*Rhinopithecus roxellana*	一级		
怒江金丝猴	*Rhinopithecus strykeri*	一级		
长臂猿科	Hylobatidae			
西白眉长臂猿	*Hoolock hoolock*	一级		
东白眉长臂猿	*Hoolock leuconedys*	一级		
高黎贡白眉长臂猿	*Hoolock tianxing*	一级		
白掌长臂猿	*Hylobates lar*	一级		
西黑冠长臂猿	*Nomascus concolor*	一级		
东黑冠长臂猿	*Nomascus nasutus*	一级		

*源自国家林业和草原局农业农村部公告(2021年第3号)附件,本书正文涉及内容若有不同,请此表为准。

257

国家重点保护野生动物名录

中文名	学名	保护级别		备注
海南长臂猿	*Nomascus hainanus*	一级		
北白颊长臂猿	*Nomascus leucogenys*	一级		
鳞甲目#	**PHOLIDOTA**			
鲮鲤科	**Manidae**			
印度穿山甲	*Manis crassicaudata*	一级		
马来穿山甲	*Manis javanica*	一级		
穿山甲	*Manis pentadactyla*	一级		
食肉目	**CARNIVORA**			
犬科	**Canidae**			
狼	*Canis lupus*		二级	
亚洲胡狼	*Canis aureus*		二级	
豺	*Cuon alpinus*	一级		
貉	*Nyctereutes procyonoides*		二级	仅限野外种群
沙狐	*Vulpes corsac*		二级	
藏狐	*Vulpes ferrilata*		二级	
赤狐	*Vulpes vulpes*		二级	
熊科#	**Ursidae**			
懒熊	*Melursus ursinus*		二级	
马来熊	*Helarctos malayanus*	一级		
棕熊	*Ursus arctos*		二级	
黑熊	*Ursus thibetanus*		二级	
大熊猫科#	**Ailuropodidae**			
大熊猫	*Ailuropoda melanoleuca*	一级		
小熊猫科#	**Ailuridae**			
小熊猫	*Ailurus fulgens*		二级	
鼬科	**Mustelidae**			
黄喉貂	*Martes flavigula*		二级	
石貂	*Martes foina*		二级	
紫貂	*Martes zibellina*	一级		
貂熊	*Gulo gulo*	一级		
*小爪水獭	*Aonyx cinerea*		二级	
*水獭	*Lutra lutra*		二级	
*江獭	*Lutrogale perspicillata*		二级	
灵猫科	**Viverridae**			

国家重点保护野生动物名录

中文名	学名	保护级别	备注
大斑灵猫	*Viverra megaspila*	一级	
大灵猫	*Viverra zibetha*	一级	
小灵猫	*Viverricula indica*	一级	
椰子猫	*Paradoxurus hermaphroditus*	二级	
熊狸	*Arctictis binturong*	一级	
小齿狸	*Arctogalidia trivirgata*	一级	
缟灵猫	*Chrotogale owstoni*	一级	
林狸科	**Prionodontidae**		
斑林狸	*Prionodon pardicolor*	二级	
猫科#	**Felidae**		
荒漠猫	*Felis bieti*	一级	
丛林猫	*Felis chaus*	一级	
草原斑猫	*Felis silvestris*	二级	
渔猫	*Felis viverrinus*	二级	
兔狲	*Otocolobus manul*	二级	
猞猁	*Lynx lynx*	二级	
云猫	*Pardofelis marmorata*	二级	
金猫	*Pardofelis temminckii*	一级	
豹猫	*Prionailurus bengalensis*	二级	
云豹	*Neofelis nebulosa*	一级	
豹	*Panthera pardus*	一级	
虎	*Panthera tigris*	一级	
雪豹	*Panthera uncia*	一级	
海狮科#	**Otariidae**		
*北海狗	*Callorhinus ursinus*	二级	
*北海狮	*Eumetopias jubatus*	二级	
海豹科#	**Phocidae**		
*西太平洋斑海豹	*Phoca largha*	一级	原名"斑海豹"
*髯海豹	*Erignathus barbatus*	二级	
*环海豹	*Pusa hispida*	二级	
长鼻目#	**PROBOSCIDEA**		
象科	**Elephantidae**		
亚洲象	*Elephas maximus*	一级	
奇蹄目	**PERISSODACTYLA**		

国家重点保护野生动物名录

中文名	学名	保护级别		备注
马科	**Equidae**			
普氏野马	*Equus ferus*	一级		原名"野马"
蒙古野驴	*Equus hemionus*	一级		
藏野驴	*Equus kiang*	一级		原名"西藏野驴"
偶蹄目	**ARTIODACTYLA**			
骆驼科	**Camelidae**			原名"驼科"
野骆驼	*Camelus ferus*	一级		
鼷鹿科#	**Tragulidae**			
威氏鼷鹿	*Tragulus williamsoni*	一级		原名"鼷鹿"
麝科#	**Moschidae**			
安徽麝	*Moschus anhuiensis*	一级		
林麝	*Moschus berezovskii*	一级		
马麝	*Moschus chrysogaster*	一级		
黑麝	*Moschus fuscus*	一级		
喜马拉雅麝	*Moschus leucogaster*	一级		
原麝	*Moschus moschiferus*	一级		
鹿科	**Cervidae**			
獐	*Hydropotes inermis*		二级	原名"河麂"
黑麂	*Muntiacus crinifrons*	一级		
贡山麂	*Muntiacus gongshanensis*		二级	
海南麂	*Muntiacus nigripes*		二级	
豚鹿	*Axis porcinus*	一级		
水鹿	*Cervus equinus*		二级	
梅花鹿	*Cervus nippon*	一级		仅限野外种群
马鹿	*Cervus canadensis*		二级	仅限野外种群
西藏马鹿（包括白臀鹿）	*Cervus wallichii*（*C. w. macneilli*）	一级		
塔里木马鹿	*Cervus yarkandensis*	一级		仅限野外种群
坡鹿	*Panolia siamensis*	一级		
白唇鹿	*Przewalskium albirostris*	一级		
麋鹿	*Elaphurus davidianus*	一级		
毛冠鹿	*Elaphodus cephalophus*		二级	
驼鹿	*Alces alces*	一级		
牛科	**Bovidae**			
野牛	*Bos gaurus*	一级		

国家重点保护野生动物名录

中文名	学名	保护级别		备注
爪哇野牛	Bos javanicus	一级		
野牦牛	Bos mutus	一级		
蒙原羚	Procapra gutturosa	一级		原名"黄羊"
藏原羚	Procapra picticaudata		二级	
普氏原羚	Procapra przewalskii	一级		
鹅喉羚	Gazella subgutturosa		二级	
藏羚	Pantholops hodgsonii	一级		
高鼻羚羊	Saiga tatarica	一级		
秦岭羚牛	Budorcas bedfordi	一级		
四川羚牛	Budorcas tibetanus	一级		
不丹羚牛	Budorcas whitei	一级		
贡山羚牛	Budorcas taxicolor	一级		
赤斑羚	Naemorhedus baileyi	一级		
长尾斑羚	Naemorhedus caudatus		二级	
缅甸斑羚	Naemorhedus evansi		二级	
喜马拉雅斑羚	Naemorhedus goral	一级		
中华斑羚	Naemorhedus griseus		二级	
塔尔羊	Hemitragus jemlahicus	一级		
北山羊	Capra sibirica		二级	
岩羊	Pseudois nayaur		二级	
阿尔泰盘羊	Ovis ammon		二级	
哈萨克盘羊	Ovis collium		二级	
戈壁盘羊	Ovis darwini		二级	
西藏盘羊	Ovis hodgsoni	一级		
天山盘羊	Ovis karelini		二级	
帕米尔盘羊	Ovis polii		二级	
中华鬣羚	Capricornis milneedwardsii		二级	
红鬣羚	Capricornis rubidus		二级	
台湾鬣羚	Capricornis swinhoei	一级		
喜马拉雅鬣羚	Capricornis thar	一级		
啮齿目	**RODENTIA**			
河狸科#	**Castoridae**			
河狸	Castor fiber	一级		
松鼠科	**Sciuridae**			

国家重点保护野生动物名录

中文名	学名	保护级别	备注
巨松鼠	*Ratufa bicolor*	二级	
兔形目	LAGOMORPHA		
鼠兔科	Ochotonidae		
贺兰山鼠兔	*Ochotona argentata*	二级	
伊犁鼠兔	*Ochotona iliensis*	二级	
兔科	Leporidae		
粗毛兔	*Caprolagus hispidus*	二级	
海南兔	*Lepus hainanus*	二级	
雪兔	*Lepus timidus*	二级	
塔里木兔	*Lepus yarkandensis*	二级	
海牛目#	SIRENIA		
儒艮科	Dugongidae		
*儒艮	*Dugong dugon*	一级	
鲸目#	CETACEA		
露脊鲸科	Balaenidae		
*北太平洋露脊鲸	*Eubalaena japonica*	一级	
灰鲸科	Eschrichtiidae		
*灰鲸	*Eschrichtius robustus*	一级	
须鲸科	Balaenopteridae		
*蓝鲸	*Balaenoptera musculus*	一级	
*小须鲸	*Balaenoptera acutorostrata*	一级	
*塞鲸	*Balaenoptera borealis*	一级	
*布氏鲸	*Balaenoptera edeni*	一级	
*大村鲸	*Balaenoptera omurai*	一级	
*长须鲸	*Balaenoptera physalus*	一级	
*大翅鲸	*Megaptera novaeangliae*	一级	
白鱀豚科	Lipotidae		
*白鱀豚	*Lipotes vexillifer*	一级	
恒河豚科	Platanistidae		
*恒河豚	*Platanista gangetica*	一级	
海豚科	Delphinidae		
*中华白海豚	*Sousa chinensis*	一级	
*糙齿海豚	*Steno bredanensis*	二级	
*热带点斑原海豚	*Stenella attenuata*	二级	

国家重点保护野生动物名录

中文名	学名	保护级别		备注
*条纹原海豚	Stenella coeruleoalba		二级	
*飞旋原海豚	Stenella longirostris		二级	
*长喙真海豚	Delphinus capensis		二级	
*真海豚	Delphinus delphis		二级	
*印太瓶鼻海豚	Tursiops aduncus		二级	
*瓶鼻海豚	Tursiops truncatus		二级	
*弗氏海豚	Lagenodelphis hosei		二级	
*里氏海豚	Grampus griseus		二级	
*太平洋斑纹海豚	Lagenorhynchus obliquidens		二级	
*瓜头鲸	Peponocephala electra		二级	
*虎鲸	Orcinus orca		二级	
*伪虎鲸	Pseudorca crassidens		二级	
*小虎鲸	Feresa attenuata		二级	
*短肢领航鲸	Globicephala macrorhynchus		二级	
鼠海豚科	Phocoenidae			
*长江江豚	Neophocaena asiaeorientalis	一级		
*东亚江豚	Neophocaena sunameri		二级	
*印太江豚	Neophocaena phocaenoides		二级	
抹香鲸科	Physeteridae			
*抹香鲸	Physeter macrocephalus	一级		
*小抹香鲸	Kogia breviceps		二级	
*侏抹香鲸	Kogia sima		二级	
喙鲸科	Ziphidae			
*鹅喙鲸	Ziphius cavirostris		二级	
*柏氏中喙鲸	Mesoplodon densirostris		二级	
*银杏齿中喙鲸	Mesoplodon ginkgodens		二级	
*小中喙鲸	Mesoplodon peruvianus		二级	
*贝氏喙鲸	Berardius bairdii		二级	
*朗氏喙鲸	Indopacetus pacificus		二级	
鸟纲 AVES				
鸡形目	GALLIFORMES			
雉科	Phasianidae			
环颈山鹧鸪	Arborophila torqueola		二级	
四川山鹧鸪	Arborophila rufipectus	一级		

263

国家重点保护野生动物名录

中文名	学名	保护级别		备注
红喉山鹧鸪	*Arborophila rufogularis*		二级	
白眉山鹧鸪	*Arborophila gingica*		二级	
白颊山鹧鸪	*Arborophila atrogularis*		二级	
褐胸山鹧鸪	*Arborophila brunneopectus*		二级	
红胸山鹧鸪	*Arborophila mandellii*		二级	
台湾山鹧鸪	*Arborophila crudigularis*		二级	
海南山鹧鸪	*Arborophila ardens*	一级		
绿脚树鹧鸪	*Tropicoperdix chloropus*		二级	
花尾榛鸡	*Tetrastes bonasia*		二级	
斑尾榛鸡	*Tetrastes sewerzowi*	一级		
镰翅鸡	*Falcipennis falcipennis*		二级	
松鸡	*Tetrao urogallus*		二级	
黑嘴松鸡	*Tetrao urogalloides*	一级		原名"细嘴松鸡"
黑琴鸡	*Lyrurus tetrix*	一级		
岩雷鸟	*Lagopus muta*		二级	
柳雷鸟	*Lagopus lagopus*		二级	
红喉雉鹑	*Tetraophasis obscurus*	一级		
黄喉雉鹑	*Tetraophasis szechenyii*	一级		
暗腹雪鸡	*Tetraogallus himalayensis*		二级	
藏雪鸡	*Tetraogallus tibetanus*		二级	
阿尔泰雪鸡	*Tetraogallus altaicus*		二级	
大石鸡	*Alectoris magna*		二级	
血雉	*Ithaginis cruentus*		二级	
黑头角雉	*Tragopan melanocephalus*	一级		
红胸角雉	*Tragopan satyra*	一级		
灰腹角雉	*Tragopan blythii*	一级		
红腹角雉	*Tragopan temminckii*		二级	
黄腹角雉	*Tragopan caboti*	一级		
勺鸡	*Pucrasia macrolopha*		二级	
棕尾虹雉	*Lophophorus impejanus*	一级		
白尾梢虹雉	*Lophophorus sclateri*	一级		
绿尾虹雉	*Lophophorus lhuysii*	一级		
红原鸡	*Gallus gallus*		二级	原名"原鸡"
黑鹇	*Lophura leucomelanos*		二级	

国家重点保护野生动物名录

中文名	学名	保护级别		备注
白鹇	*Lophura nycthemera*		二级	
蓝腹鹇	*Lophura swinhoii*	一级		原名"蓝鹇"
白马鸡	*Crossoptilon crossoptilon*		二级	
藏马鸡	*Crossoptilon harmani*		二级	
褐马鸡	*Crossoptilon mantchuricum*	一级		
蓝马鸡	*Crossoptilon auritum*		二级	
白颈长尾雉	*Syrmaticus ellioti*	一级		
黑颈长尾雉	*Syrmaticus humiae*	一级		
黑长尾雉	*Syrmaticus mikado*	一级		
白冠长尾雉	*Syrmaticus reevesii*	一级		
红腹锦鸡	*Chrysolophus pictus*		二级	
白腹锦鸡	*Chrysolophus amherstiae*		二级	
灰孔雀雉	*Polyplectron bicalcaratum*	一级		
海南孔雀雉	*Polyplectron katsumatae*	一级		
绿孔雀	*Pavo muticus*	一级		
雁形目	**ANSERIFORMES**			
鸭科	**Anatidae**			
栗树鸭	*Dendrocygna javanica*		二级	
鸿雁	*Anser cygnoid*		二级	
白额雁	*Anser albifrons*		二级	
小白额雁	*Anser erythropus*		二级	
红胸黑雁	*Branta ruficollis*		二级	
疣鼻天鹅	*Cygnus olor*		二级	
小天鹅	*Cygnus columbianus*		二级	
大天鹅	*Cygnus cygnus*		二级	
鸳鸯	*Aix galericulata*		二级	
棉凫	*Nettapus coromandelianus*		二级	
花脸鸭	*Sibirionetta formosa*		二级	
云石斑鸭	*Marmaronetta angustirostris*		二级	
青头潜鸭	*Aythya baeri*	一级		
斑头秋沙鸭	*Mergellus albellus*		二级	
中华秋沙鸭	*Mergus squamatus*	一级		
白头硬尾鸭	*Oxyura leucocephala*	一级		
白翅栖鸭	*Asarcornis scutulata*		二级	

国家重点保护野生动物名录

中文名	学名	保护级别	备注
䴙䴘目	**PODICIPEDIFORMES**		
䴙䴘科	**Podicipedidae**		
赤颈䴙䴘	*Podiceps grisegena*	二级	
角䴙䴘	*Podiceps auritus*	二级	
黑颈䴙䴘	*Podiceps nigricollis*	二级	
鸽形目	**COLUMBIFORMES**		
鸠鸽科	**Columbidae**		
中亚鸽	*Columba eversmanni*	二级	
斑尾林鸽	*Columba palumbus*	二级	
紫林鸽	*Columba punicea*	二级	
斑尾鹃鸠	*Macropygia unchall*	二级	
菲律宾鹃鸠	*Macropygia tenuirostris*	二级	
小鹃鸠	*Macropygia ruficeps*	一级	原名"棕头鹃鸠"
橙胸绿鸠	*Treron bicinctus*	二级	
灰头绿鸠	*Treron pompadora*	二级	
厚嘴绿鸠	*Treron curvirostra*	二级	
黄脚绿鸠	*Treron phoenicopterus*	二级	
针尾绿鸠	*Treron apicauda*	二级	
楔尾绿鸠	*Treron sphenurus*	二级	
红翅绿鸠	*Treron sieboldii*	二级	
红顶绿鸠	*Treron formosae*	二级	
黑颏果鸠	*Ptilinopus leclancheri*	二级	
绿皇鸠	*Ducula aenea*	二级	
山皇鸠	*Ducula badia*	二级	
沙鸡目	**PTEROCLIFORMES**		
沙鸡科	**Pteroclidae**		
黑腹沙鸡	*Pterocles orientalis*	二级	
夜鹰目	**CAPRIMULGIFORMES**		
蛙口夜鹰科	**Podargidae**		
黑顶蛙口夜鹰	*Batrachostomus hodgsoni*	二级	
凤头雨燕科	**Hemiprocnidae**		
凤头雨燕	*Hemiprocne coronata*	二级	
雨燕科	**Apodidae**		
爪哇金丝燕	*Aerodramus fuciphagus*	二级	

国家重点保护野生动物名录

中文名	学名	保护级别		备注
灰喉针尾雨燕	*Hirundapus cochinchinensis*		二级	
鹃形目	**CUCULIFORMES**			
杜鹃科	**Cuculidae**			
褐翅鸦鹃	*Centropus sinensis*		二级	
小鸦鹃	*Centropus bengalensis*		二级	
鸨形目#	**OTIDIFORMES**			
鸨科	**Otididae**			
大鸨	*Otis tarda*	一级		
波斑鸨	*Chlamydotis macqueenii*	一级		
小鸨	*Tetrax tetrax*	一级		
鹤形目	**GRUIFORMES**			
秧鸡科	**Rallidae**			
花田鸡	*Coturnicops exquisitus*		二级	
长脚秧鸡	*Crex crex*		二级	
棕背田鸡	*Zapornia bicolor*		二级	
姬田鸡	*Zapornia parva*		二级	
斑胁田鸡	*Zapornia paykullii*		二级	
紫水鸡	*Porphyrio porphyrio*		二级	
鹤科#	**Gruidae**			
白鹤	*Grus leucogeranus*	一级		
沙丘鹤	*Grus canadensis*		二级	
白枕鹤	*Grus vipio*	一级		
赤颈鹤	*Grus antigone*	一级		
蓑羽鹤	*Grus virgo*		二级	
丹顶鹤	*Grus japonensis*	一级		
灰鹤	*Grus grus*		二级	
白头鹤	*Grus monacha*	一级		
黑颈鹤	*Grus nigricollis*	一级		
鸻形目	**CHARADRIIFORMES**			
石鸻科	**Burhinidae**			
大石鸻	*Esacus recurvirostris*		二级	
鹮嘴鹬科	**Ibidorhynchidae**			
鹮嘴鹬	*Ibidorhyncha struthersii*		二级	
鸻科	**Charadriidae**			

国家重点保护野生动物名录

中文名	学名	保护级别		备注
黄颊麦鸡	*Vanellus gregarius*		二级	
水雉科	**Jacanidae**			
水雉	*Hydrophasianus chirurgus*		二级	
铜翅水雉	*Metopidius indicus*		二级	
鹬科	**Scolopacidae**			
林沙锥	*Gallinago nemoricola*		二级	
半蹼鹬	*Limnodromus semipalmatus*		二级	
小杓鹬	*Numenius minutus*		二级	
白腰杓鹬	*Numenius arquata*		二级	
大杓鹬	*Numenius madagascariensis*		二级	
小青脚鹬	*Tringa guttifer*	一级		
翻石鹬	*Arenaria interpres*		二级	
大滨鹬	*Calidris tenuirostris*		二级	
勺嘴鹬	*Calidris pygmaea*	一级		
阔嘴鹬	*Calidris falcinellus*		二级	
燕鸻科	**Glareolidae**			
灰燕鸻	*Glareola lactea*		二级	
鸥科	**Laridae**			
黑嘴鸥	*Saundersilarus saundersi*	一级		
小鸥	*Hydrocoloeus minutus*		二级	
遗鸥	*Ichthyaetus relictus*	一级		
大凤头燕鸥	*Thalasseus bergii*		二级	
中华凤头燕鸥	*Thalasseus bernsteini*	一级		原名"黑嘴端凤头燕鸥"
河燕鸥	*Sterna aurantia*	一级		原名"黄嘴河燕鸥"
黑腹燕鸥	*Sterna acuticauda*		二级	
黑浮鸥	*Chlidonias niger*		二级	
海雀科	**Alcidae**			
冠海雀	*Synthliboramphus wumizusume*		二级	
鹱形目	**PROCELLARIIFORMES**			
信天翁科	**Diomedeidae**			
黑脚信天翁	*Phoebastria nigripes*	一级		
短尾信天翁	*Phoebastria albatrus*	一级		
鹳形目	**CICONIIFORMES**			
鹳科	**Ciconiidae**			

国家重点保护野生动物名录

中文名	学名	保护级别		备注
彩鹳	*Mycteria leucocephala*	一级		
黑鹳	*Ciconia nigra*	一级		
白鹳	*Ciconia ciconia*	一级		
东方白鹳	*Ciconia boyciana*	一级		
秃鹳	*Leptoptilos javanicus*		二级	
鲣鸟目	**SULIFORMES**			
军舰鸟科	**Fregatidae**			
白腹军舰鸟	*Fregata andrewsi*	一级		
黑腹军舰鸟	*Fregata minor*		二级	
白斑军舰鸟	*Fregata ariel*		二级	
鲣鸟科#	**Sulidae**			
蓝脸鲣鸟	*Sula dactylatra*		二级	
红脚鲣鸟	*Sula sula*		二级	
褐鲣鸟	*Sula leucogaster*		二级	
鸬鹚科	**Phalacrocoracidae**			
黑颈鸬鹚	*Microcarbo niger*		二级	
海鸬鹚	*Phalacrocorax pelagicus*		二级	
鹈形目	**PELECANIFORMES**			
鹮科、	**Threskiornithidae**			
黑头白鹮	*Threskiornis melanocephalus*	一级		原名"白鹮"
白肩黑鹮	*Pseudibis davisoni*	一级		原名"黑鹮"
朱鹮	*Nipponia nippon*	一级		
彩鹮	*Plegadis falcinellus*	一级		
白琵鹭	*Platalea leucorodia*		二级	
黑脸琵鹭	*Platalea minor*	一级		
鹭科	**Ardeidae**			
小苇鳽	*Ixobrychus minutus*		二级	
海南鳽	*Gorsachius magnificus*	一级		原名"海南虎斑鳽"
栗头鳽	*Gorsachius goisagi*		二级	
黑冠鳽	*Gorsachius melanolophus*		二级	
白腹鹭	*Ardea insignis*	一级		
岩鹭	*Egretta sacra*		二级	
黄嘴白鹭	*Egretta eulophotes*	一级		
鹈鹕科#	**Pelecanidae**			

国家重点保护野生动物名录

中文名	学名	保护级别	备注
白鹈鹕	*Pelecanus onocrotalus*	一级	
斑嘴鹈鹕	*Pelecanus philippensis*	一级	
卷羽鹈鹕	*Pelecanus crispus*	一级	
鹰形目#	**ACCIPITRIFORMES**		
鹗科	**Pandionidae**		
鹗	*Pandion haliaetus*	二级	
鹰科	**Accipitridae**		
黑翅鸢	*Elanus caeruleus*	二级	
胡兀鹫	*Gypaetus barbatus*	一级	
白兀鹫	*Neophron percnopterus*	二级	
鹃头蜂鹰	*Pernis apivorus*	二级	
凤头蜂鹰	*Pernis ptilorhynchus*	二级	
褐冠鹃隼	*Aviceda jerdoni*	二级	
黑冠鹃隼	*Aviceda leuphotes*	二级	
兀鹫	*Gyps fulvus*	二级	
长嘴兀鹫	*Gyps indicus*	二级	
白背兀鹫	*Gyps bengalensis*	一级	原名"拟兀鹫"
高山兀鹫	*Gyps himalayensis*	二级	
黑兀鹫	*Sarcogyps calvus*	一级	
秃鹫	*Aegypius monachus*	一级	
蛇雕	*Spilornis cheela*	二级	
短趾雕	*Circaetus gallicus*	二级	
凤头鹰雕	*Nisaetus cirrhatus*	二级	
鹰雕	*Nisaetus nipalensis*	二级	
棕腹隼雕	*Lophotriorchis kienerii*	二级	
林雕	*Ictinaetus malaiensis*	二级	
乌雕	*Clanga clanga*	一级	
靴隼雕	*Hieraaetus pennatus*	二级	
草原雕	*Aquila nipalensis*	一级	
白肩雕	*Aquila heliaca*	一级	
金雕	*Aquila chrysaetos*	一级	
白腹隼雕	*Aquila fasciata*	二级	
凤头鹰	*Accipiter trivirgatus*	二级	
褐耳鹰	*Accipiter badius*	二级	

国家重点保护野生动物名录

中文名	学名	保护级别	备注
赤腹鹰	*Accipiter soloensis*	二级	
日本松雀鹰	*Accipiter gularis*	二级	
松雀鹰	*Accipiter virgatus*	二级	
雀鹰	*Accipiter nisus*	二级	
苍鹰	*Accipiter gentilis*	二级	
白头鹞	*Circus aeruginosus*	二级	
白腹鹞	*Circus spilonotus*	二级	
白尾鹞	*Circus cyaneus*	二级	
草原鹞	*Circus macrourus*	二级	
鹊鹞	*Circus melanoleucos*	二级	
乌灰鹞	*Circus pygargus*	二级	
黑鸢	*Milvus migrans*	二级	
栗鸢	*Haliastur indus*	二级	
白腹海雕	*Haliaeetus leucogaster*	一级	
玉带海雕	*Haliaeetus leucoryphus*	一级	
白尾海雕	*Haliaeetus albicilla*	一级	
虎头海雕	*Haliaeetus pelagicus*	一级	
渔雕	*Icthyophaga humilis*	二级	
白眼鵟鹰	*Butastur teesa*	二级	
棕翅鵟鹰	*Butastur liventer*	二级	
灰脸鵟鹰	*Butastur indicus*	二级	
毛脚鵟	*Buteo lagopus*	二级	
大鵟	*Buteo hemilasius*	二级	
普通鵟	*Buteo japonicus*	二级	
喜山鵟	*Buteo refectus*	二级	
欧亚鵟	*Buteo buteo*	二级	
棕尾鵟	*Buteo rufinus*	二级	
鸮形目#	**STRIGIFORMES**		
鸱鸮科	**Strigidae**		
黄嘴角鸮	*Otus spilocephalus*	二级	
领角鸮	*Otus lettia*	二级	
北领角鸮	*Otus semitorques*	二级	
纵纹角鸮	*Otus brucei*	二级	
西红角鸮	*Otus scops*	二级	

国家重点保护野生动物名录

中文名	学名	保护级别		备注
红角鸮	*Otus sunia*		二级	
优雅角鸮	*Otus elegans*		二级	
雪鸮	*Bubo scandiacus*		二级	
雕鸮	*Bubo bubo*		二级	
林雕鸮	*Bubo nipalensis*		二级	
毛腿雕鸮	*Bubo blakistoni*	一级		
褐渔鸮	*Ketupa zeylonensis*		二级	
黄腿渔鸮	*Ketupa flavipes*		二级	
褐林鸮	*Strix leptogrammica*		二级	
灰林鸮	*Strix aluco*		二级	
长尾林鸮	*Strix uralensis*		二级	
四川林鸮	*Strix davidi*	一级		
乌林鸮	*Strix nebulosa*		二级	
猛鸮	*Surnia ulula*		二级	
花头鸺鹠	*Glaucidium passerinum*		二级	
领鸺鹠	*Glaucidium brodiei*		二级	
斑头鸺鹠	*Glaucidium cuculoides*		二级	
纵纹腹小鸮	*Athene noctua*		二级	
横斑腹小鸮	*Athene brama*		二级	
鬼鸮	*Aegolius funereus*		二级	
鹰鸮	*Ninox scutulata*		二级	
日本鹰鸮	*Ninox japonica*		二级	
长耳鸮	*Asio otus*		二级	
短耳鸮	*Asio flammeus*		二级	
草鸮科	**Tytonidae**			
仓鸮	*Tyto alba*		二级	
草鸮	*Tyto longimembris*		二级	
栗鸮	*Phodilus badius*		二级	
咬鹃目#	**TROGONIFORMES**			
咬鹃科	**Trogonidae**			
橙胸咬鹃	*Harpactes oreskios*		二级	
红头咬鹃	*Harpactes erythrocephalus*		二级	
红腹咬鹃	*Harpactes wardi*		二级	
犀鸟目	**BUCEROTIFORMES**			

国家重点保护野生动物名录

中文名	学名	保护级别	备注
犀鸟科#	*Bucerotidae*		
白喉犀鸟	*Anorrhinus austeni*	一级	
冠斑犀鸟	*Anthracoceros albirostris*	一级	
双角犀鸟	*Buceros bicornis*	一级	
棕颈犀鸟	*Aceros nipalensis*	一级	
花冠皱盔犀鸟	*Rhyticeros undulatus*	一级	
佛法僧目	CORACIIFORMES		
蜂虎科	Meropidae		
赤须蜂虎	*Nyctyornis amictus*	二级	
蓝须蜂虎	*Nyctyornis athertoni*	二级	
绿喉蜂虎	*Merops orientalis*	二级	
蓝颊蜂虎	*Merops persicus*	二级	
栗喉蜂虎	*Merops philippinus*	二级	
彩虹蜂虎	*Merops ornatus*	二级	
蓝喉蜂虎	*Merops viridis*	二级	
栗头蜂虎	*Merops leschenaulti*	二级	原名"黑胸蜂虎"
翠鸟科	Alcedinidae		
鹳嘴翡翠	*Pelargopsis capensis*	二级	原名"鹳嘴翠鸟"
白胸翡翠	*Halcyon smyrnensis*	二级	
蓝耳翠鸟	*Alcedo meninting*	二级	
斑头大翠鸟	*Alcedo hercules*	二级	
啄木鸟目	PICIFORMES		
啄木鸟科	Picidae		
白翅啄木鸟	*Dendrocopos leucopterus*	二级	
三趾啄木鸟	*Picoides tridactylus*	二级	
白腹黑啄木鸟	*Dryocopus javensis*	二级	
黑啄木鸟	*Dryocopus martius*	二级	
大黄冠啄木鸟	*Chrysophlegma flavinucha*	二级	
黄冠啄木鸟	*Picus chlorolophus*	二级	
红颈绿啄木鸟	*Picus rabieri*	二级	
大灰啄木鸟	*Mulleripicus pulverulentus*	二级	
隼形目#	FALCONIFORMES		
隼科	Falconidae		
红腿小隼	*Microhierax caerulescens*	二级	

273

国家重点保护野生动物名录

中文名	学名	保护级别		备注
白腿小隼	*Microhierax melanoleucos*		二级	
黄爪隼	*Falco naumanni*		二级	
红隼	*Falco tinnunculus*		二级	
西红脚隼	*Falco vespertinus*		二级	
红脚隼	*Falco amurensis*		二级	
灰背隼	*Falco columbarius*		二级	
燕隼	*Falco subbuteo*		二级	
猛隼	*Falco severus*		二级	
猎隼	*Falco cherrug*	一级		
矛隼	*Falco rusticolus*	一级		
游隼	*Falco peregrinus*		二级	
鹦鹉目#	**PSITTACIFORMES**			
鹦鹉科	**Psittacidae**			
短尾鹦鹉	*Loriculus vernalis*		二级	
蓝腰鹦鹉	*Psittinus cyanurus*		二级	
亚历山大鹦鹉	*Psittacula eupatria*		二级	
红领绿鹦鹉	*Psittacula krameri*		二级	
青头鹦鹉	*Psittacula himalayana*		二级	
灰头鹦鹉	*Psittacula finschii*		二级	
花头鹦鹉	*Psittacula roseata*		二级	
大紫胸鹦鹉	*Psittacula derbiana*		二级	
绯胸鹦鹉	*Psittacula alexandri*		二级	
雀形目	**PASSERIFORMES**			
八色鸫科#	**Pittidae**			
双辫八色鸫	*Pitta phayrei*		二级	
蓝枕八色鸫	*Pitta nipalensis*		二级	
蓝背八色鸫	*Pitta soror*		二级	
栗头八色鸫	*Pitta oatesi*		二级	
蓝八色鸫	*Pitta cyanea*		二级	
绿胸八色鸫	*Pitta sordida*		二级	
仙八色鸫	*Pitta nympha*		二级	
蓝翅八色鸫	*Pitta moluccensis*		二级	
阔嘴鸟科#	**Eurylaimidae**			
长尾阔嘴鸟	*Psarisomus dalhousiae*		二级	

国家重点保护野生动物名录

中文名	学名	保护级别	备注
银胸丝冠鸟	*Serilophus lunatus*	二级	
黄鹂科	**Oriolidae**		
鹊鹂	*Oriolus mellianus*	二级	
卷尾科	**Dicruridae**		
小盘尾	*Dicrurus remifer*	二级	
大盘尾	*Dicrurus paradiseus*	二级	
鸦科	**Corvidae**		
黑头噪鸦	*Perisoreus internigrans*	一级	
蓝绿鹊	*Cissa chinensis*	二级	
黄胸绿鹊	*Cissa hypoleuca*	二级	
黑尾地鸦	*Podoces hendersoni*	二级	
白尾地鸦	*Podoces biddulphi*	二级	
山雀科	**Paridae**		
白眉山雀	*Poecile superciliosus*	二级	
红腹山雀	*Poecile davidi*	二级	
百灵科	**Alaudidae**		
歌百灵	*Mirafra javanica*	二级	
蒙古百灵	*Melanocorypha mongolica*	二级	
云雀	*Alauda arvensis*	二级	
苇莺科	**Acrocephalidae**		
细纹苇莺	*Acrocephalus sorghophilus*	二级	
鹎科	**Pycnonotidae**		
台湾鹎	*Pycnonotus taivanus*	二级	
莺鹛科	**Sylviidae**		
金胸雀鹛	*Lioparus chrysotis*	二级	
宝兴鹛雀	*Moupinia poecilotis*	二级	
中华雀鹛	*Fulvetta striaticollis*	二级	
三趾鸦雀	*Cholornis paradoxus*	二级	
白眶鸦雀	*Sinosuthora conspicillata*	二级	
暗色鸦雀	*Sinosuthora zappeyi*	二级	
灰冠鸦雀	*Sinosuthora przewalskii*	一级	
短尾鸦雀	*Neosuthora davidiana*	二级	
震旦鸦雀	*Paradoxornis heudei*	二级	
绣眼鸟科	**Zosteropidae**		

国家重点保护野生动物名录

中文名	学名	保护级别	备注
红胁绣眼鸟	*Zosterops erythropleurus*	二级	
林鹛科	**Timaliidae**		
淡喉鹩鹛	*Spelaeornis kinneari*	二级	
弄岗穗鹛	*Stachyris nonggangensis*	二级	
幽鹛科	**Pellorneidae**		
金额雀鹛	*Schoeniparus variegaticeps*	一级	
噪鹛科	**Leiothrichidae**		
大草鹛	*Babax waddelli*	二级	
棕草鹛	*Babax koslowi*	二级	
画眉	*Garrulax canorus*	二级	
海南画眉	*Garrulax owstoni*	二级	
台湾画眉	*Garrulax taewanus*	二级	
褐胸噪鹛	*Garrulax maesi*	二级	
黑额山噪鹛	*Garrulax sukatschewi*	一级	
斑背噪鹛	*Garrulax lunulatus*	二级	
白点噪鹛	*Garrulax bieti*	一级	
大噪鹛	*Garrulax maximus*	二级	
眼纹噪鹛	*Garrulax ocellatus*	二级	
黑喉噪鹛	*Garrulax chinensis*	二级	
蓝冠噪鹛	*Garrulax courtoisi*	一级	
棕噪鹛	*Garrulax berthemyi*	二级	
橙翅噪鹛	*Trochalopteron elliotii*	二级	
红翅噪鹛	*Trochalopteron formosum*	二级	
红尾噪鹛	*Trochalopteron milnei*	二级	
黑冠薮鹛	*Liocichla bugunorum*	一级	
灰胸薮鹛	*Liocichla omeiensis*	一级	
银耳相思鸟	*Leiothrix argentauris*	二级	
红嘴相思鸟	*Leiothrix lutea*	二级	
旋木雀科	**Certhiidae**		
四川旋木雀	*Certhia tianquanensis*	二级	
䴓科	**Sittidae**		
滇䴓	*Sitta yunnanensis*	二级	
巨䴓	*Sitta magna*	二级	
丽䴓	*Sitta formosa*	二级	

国家重点保护野生动物名录

中文名	学名	保护级别	备注
椋鸟科	**Sturnidae**		
鹩哥	*Gracula religiosa*	二级	
鸫科	**Turdidae**		
褐头鸫	*Turdus feae*	二级	
紫宽嘴鸫	*Cochoa purpurea*	二级	
绿宽嘴鸫	*Cochoa viridis*	二级	
鹟科	**Muscicapidae**		
棕头歌鸲	*Larvivora ruficeps*	一级	
红喉歌鸲	*Calliope calliope*	二级	
黑喉歌鸲	*Calliope obscura*	二级	
金胸歌鸲	*Calliope pectardens*	二级	
蓝喉歌鸲	*Luscinia svecica*	二级	
新疆歌鸲	*Luscinia megarhynchos*	二级	
棕腹林鸲	*Tarsiger hyperythrus*	二级	
贺兰山红尾鸲	*Phoenicurus alaschanicus*	二级	
白喉石鸥	*Saxicola insignis*	二级	
白喉林鹟	*Cyornis brunneatus*	二级	
棕腹大仙鹟	*Niltava davidi*	二级	
大仙鹟	*Niltava grandis*	二级	
岩鹨科	**Prunellidae**		
贺兰山岩鹨	*Prunella koslowi*	二级	
朱鹀科	**Urocynchramidae**		
朱鹀	*Urocynchramus pylzowi*	二级	
燕雀科	**Fringillidae**		
褐头朱雀	*Carpodacus sillemi*	二级	
藏雀	*Carpodacus roborowskii*	二级	
北朱雀	*Carpodacus roseus*	二级	
红交嘴雀	*Loxia curvirostra*	二级	
鹀科	**Emberizidae**		
蓝鹀	*Emberiza siemsseni*	二级	
栗斑腹鹀	*Emberiza jankowskii*	一级	
黄胸鹀	*Emberiza aureola*	一级	
藏鹀	*Emberiza koslowi*	二级	
爬行纲 REPTILIA			

国家重点保护野生动物名录

中文名	学名	保护级别	备注
龟鳖目	TESTUDINES		
平胸龟科#	Platysternidae		
*平胸龟	Platysternon megacephalum	二级	仅限野外种群
陆龟科#	Testudinidae		
缅甸陆龟	Indotestudo elongata	一级	
凹甲陆龟	Manouria impressa	一级	
四爪陆龟	Testudo horsfieldii	一级	
地龟科	Geoemydidae		
*欧氏摄龟	Cyclemys oldhamii	二级	
*黑颈乌龟	Mauremys nigricans	二级	仅限野外种群
*乌龟	Mauremys reevesii	二级	仅限野外种群
*花龟	Mauremys sinensis	二级	仅限野外种群
*黄喉拟水龟	Mauremys mutica	二级	仅限野外种群
*闭壳龟属所有种	Cuora spp.	二级	仅限野外种群
*地龟	Geoemyda spengleri	二级	
*眼斑水龟	Sacalia bealei	二级	仅限野外种群
*四眼斑水龟	Sacalia quadriocellata	二级	仅限野外种群
海龟科#	Cheloniidae		
*红海龟	Caretta caretta	一级	原名"蠵龟"
*绿海龟	Chelonia mydas	一级	
*玳瑁	Eretmochelys imbricata	一级	
*太平洋丽龟	Lepidochelys olivacea	一级	
棱皮龟科#	Dermochelyidae		
*棱皮龟	Dermochelys coriacea	一级	
鳖科	Trionychidae		
*鼋	Pelochelys cantorii	一级	
*山瑞鳖	Palea steindachneri	二级	仅限野外种群
*斑鳖	Rafetus swinhoei	一级	
有鳞目	SQUAMATA		
壁虎科	Gekkonidae		
大壁虎	Gekko gecko	二级	
黑疣大壁虎	Gekko reevesii	二级	
球趾虎科	Sphaerodactylidae		
伊犁沙虎	Teratoscincus scincus	二级	

278

国家重点保护野生动物名录

中文名	学名	保护级别		备注
吐鲁番沙虎	*Teratoscincus roborowskii*		二级	
睑虎科#	**Eublepharidae**			
英德睑虎	*Goniurosaurus yingdeensis*		二级	
越南睑虎	*Goniurosaurus araneus*		二级	
霸王岭睑虎	*Goniurosaurus bawanglingensis*		二级	
海南睑虎	*Goniurosaurus hainanensis*		二级	
嘉道理睑虎	*Goniurosaurus kadoorieorum*		二级	
广西睑虎	*Goniurosaurus kwangsiensis*		二级	
荔波睑虎	*Goniurosaurus liboensis*		二级	
凭祥睑虎	*Goniurosaurus luii*		二级	
蒲氏睑虎	*Goniurosaurus zhelongi*		二级	
周氏睑虎	*Goniurosaurus zhoui*		二级	
鬣蜥科	**Agamidae**			
巴塘龙蜥	*Diploderma batangense*		二级	
短尾龙蜥	*Diploderma brevicaudum*		二级	
侏龙蜥	*Diploderma drukdaypo*		二级	
滑腹龙蜥	*Diploderma laeviventre*		二级	
宜兰龙蜥	*Diploderma luei*		二级	
溪头龙蜥	*Diploderma makii*		二级	
帆背龙蜥	*Diploderma vela*		二级	
蜡皮蜥	*Leiolepis reevesii*		二级	
贵南沙蜥	*Phrynocephalus guinanensis*		二级	
大耳沙蜥	*Phrynocephalus mystaceus*	一级		
长鬣蜥	*Physignathus cocincinus*		二级	
蛇蜥科#	**Anguidae**			
细脆蛇蜥	*Ophisaurus gracilis*		二级	
海南脆蛇蜥	*Ophisaurus hainanensis*		二级	
脆蛇蜥	*Ophisaurus harti*		二级	
鳄蜥科	**Shinisauridae**			
鳄蜥	*Shinisaurus crocodilurus*	一级		
巨蜥科#	**Varanidae**			
孟加拉巨蜥	*Varanus bengalensis*	一级		
圆鼻巨蜥	*Varanus salvator*	一级		原名"巨蜥"
石龙子科	**Scincidae**			

国家重点保护野生动物名录

中文名	学名	保护级别		备注
桓仁滑蜥	*Scincella huanrenensis*		二级	
双足蜥科	**Dibamidae**			
香港双足蜥	*Dibamus bogadeki*		二级	
盲蛇科	**Typhlopidae**			
香港盲蛇	*Indotyphlops lazelli*		二级	
筒蛇科	**Cylindrophiidae**			
红尾筒蛇	*Cylindrophis ruffus*		二级	
闪鳞蛇科	**Xenopeltidae**			
闪鳞蛇	*Xenopeltis unicolor*		二级	
蚺科#	**Boidae**			
红沙蟒	*Eryx miliaris*		二级	
东方沙蟒	*Eryx tataricus*		二级	
蟒科#	**Pythonidae**			
蟒蛇	*Python bivittatus*		二级	原名"蟒"
闪皮蛇科	**Xenodermidae**			
井冈山脊蛇	*Achalinus jinggangensis*		二级	
游蛇科	**Colubridae**			
三索蛇	*Coelognathus radiatus*		二级	
团花锦蛇	*Elaphe davidi*		二级	
横斑锦蛇	*Euprepiophis perlaceus*		二级	
尖喙蛇	*Rhynchophis boulengeri*		二级	
西藏温泉蛇	*Thermophis baileyi*	一级		
香格里拉温泉蛇	*Thermophis shangrila*	一级		
四川温泉蛇	*Thermophis zhaoermii*	一级		
黑网乌梢蛇	*Zaocys carinatus*		二级	
瘰鳞蛇科	**Acrochordidae**			
*瘰鳞蛇	*Acrochordus granulatus*		二级	
眼镜蛇科	**Elapidae**			
眼镜王蛇	*Ophiophagus hannah*		二级	
*蓝灰扁尾海蛇	*Laticauda colubrina*		二级	
*扁尾海蛇	*Laticauda laticaudata*		二级	
*半环扁尾海蛇	*Laticauda semifasciata*		二级	
*龟头海蛇	*Emydocephalus ijimae*		二级	
*青环海蛇	*Hydrophis cyanocinctus*		二级	

国家重点保护野生动物名录

中文名	学名	保护级别		备注
*环纹海蛇	*Hydrophis fasciatus*		二级	
*黑头海蛇	*Hydrophis melanocephalus*		二级	
*淡灰海蛇	*Hydrophis ornatus*		二级	
*赫眦海蛇	*Hydrophis peronii*		二级	
*棘鳞海蛇	*Hydrophis stokesii*		二级	
*青灰海蛇	*Hydrophis caerulescens*		二级	
*平颏海蛇	*Hydrophis curtus*		二级	
*小头海蛇	*Hydrophis gracilis*		二级	
*长吻海蛇	*Hydrophis platurus*		二级	
*截吻海蛇	*Hydrophis jerdonii*		二级	
*海蝰	*Hydrophis viperinus*		二级	
蝰科	**Viperidae**			
泰国圆斑蝰	*Daboia siamensis*		二级	
蛇岛蝮	*Gloydius shedaoensis*		二级	
角原矛头蝮	*Protobothrops cornutus*		二级	
莽山烙铁头蛇	*Protobothrops mangshanensis*	一级		
极北蝰	*Vipera berus*		二级	
东方蝰	*Vipera renardi*		二级	
鳄目	**CROCODYLIA**			
鼍科#	**Alligatoridae**			
*扬子鳄	*Alligator sinensis*	一级		
两栖纲 AMPHIBIA				
蚓螈目	**GYMNOPHIONA**			
鱼螈科	**Ichthyophiidae**			
版纳鱼螈	*Ichthyophis bannanicus*		二级	
有尾目	**CAUDATA**			
小鲵科#	**Hynobiidae**			
*安吉小鲵	*Hynobius amjiensis*	一级		
*中国小鲵	*Hynobius chinensis*	一级		
*挂榜山小鲵	*Hynobius guabangshanensis*	一级		
*猫儿山小鲵	*Hynobius maoershanensis*	一级		
*普雄原鲵	*Protohynobius puxiongensis*	一级		
*辽宁爪鲵	*Onychodactylus zhaoermii*	一级		
*吉林爪鲵	*Onychodactylus zhangyapingi*		二级	

国家重点保护野生动物名录

中文名	学名	保护级别	备注
*新疆北鲵	*Ranodon sibiricus*	二级	
*极北鲵	*Salamandrella keyserlingii*	二级	
*巫山巴鲵	*Liua shihi*	二级	
*秦巴巴鲵	*Liua tsinpaensis*	二级	
*黄斑拟小鲵	*Pseudohynobius flavomaculatus*	二级	
*贵州拟小鲵	*Pseudohynobius guizhouensis*	二级	
*金佛拟小鲵	*Pseudohynobius jinfo*	二级	
*宽阔水拟小鲵	*Pseudohynobius kuankuoshuiensis*	二级	
*水城拟小鲵	*Pseudohynobius shuichengensis*	二级	
*弱唇褶山溪鲵	*Batrachuperus cochranae*	二级	
*无斑山溪鲵	*Batrachuperus karlschmidti*	二级	
*龙洞山溪鲵	*Batrachuperus londongensis*	二级	
*山溪鲵	*Batrachuperus pinchonii*	二级	
*西藏山溪鲵	*Batrachuperus tibetanus*	二级	
*盐源山溪鲵	*Batrachuperus yenyuanensis*	二级	
*阿里山小鲵	*Hynobius arisanensis*	二级	
*台湾小鲵	*Hynobius formosanus*	二级	
*观雾小鲵	*Hynobius fucus*	二级	
*南湖小鲵	*Hynobius glacialis*	二级	
*东北小鲵	*Hynobius leechii*	二级	
*楚南小鲵	*Hynobius sonani*	二级	
*义乌小鲵	*Hynobius yiwuensis*	二级	
隐鳃鲵科	**Cryptobranchidae**		
*大鲵	*Andrias davidianus*	二级	仅限野外种群
蝾螈科	**Salamandridae**		
*潮汕蝾螈	*Cynops orphicus*	二级	
*大凉螈	*Liangshantriton taliangensis*	二级	原名"大凉疣螈"
*贵州疣螈	*Tylototriton kweichowensis*	二级	
*川南疣螈	*Tylototriton pseudoverrucosus*	二级	
*丽色疣螈	*Tylototriton pulcherrima*	二级	
*红瘰疣螈	*Tylototriton shanjing*	二级	
*棕黑疣螈	*Tylototriton verrucosus*	二级	原名"细瘰疣螈"
*滇南疣螈	*Tylototriton yangi*	二级	
*安徽瑶螈	*Yaotriton anhuiensis*	二级	

国家重点保护野生动物名录

中文名	学名	保护级别	备注
*细痣瑶螈	*Yaotriton asperrimus*	二级	原名"细痣疣螈"
*宽脊瑶螈	*Yaotriton broadoridgus*	二级	
*大别瑶螈	*Yaotriton dabienicus*	二级	
*海南瑶螈	*Yaotriton hainanensis*	二级	
*浏阳瑶螈	*Yaotriton liuyangensis*	二级	
*莽山瑶螈	*Yaotriton lizhenchangi*	二级	
*文县瑶螈	*Yaotriton wenxianensis*	二级	
*蔡氏瑶螈	*Yaotriton ziegleri*	二级	
*镇海棘螈	*Echinotriton chinhaiensis*	一级	原名"镇海疣螈"
*琉球棘螈	*Echinotriton andersoni*	二级	
*高山棘螈	*Echinotriton maxiquadratus*	二级	
*橙脊瘰螈	*Paramesotriton aurantius*	二级	
*尾斑瘰螈	*Paramesotriton caudopunctatus*	二级	
*中国瘰螈	*Paramesotriton chinensis*	二级	
*越南瘰螈	*Paramesotriton deloustali*	二级	
*富钟瘰螈	*Paramesotriton fuzhongensis*	二级	
*广西瘰螈	*Paramesotriton guangxiensis*	二级	
*香港瘰螈	*Paramesotriton hongkongensis*	二级	
*无斑瘰螈	*Paramesotriton labiatus*	二级	
*龙里瘰螈	*Paramesotriton longliensis*	二级	
*茂兰瘰螈	*Paramesotriton maolanensis*	二级	
*七溪岭瘰螈	*Paramesotriton qixilingensis*	二级	
*武陵瘰螈	*Paramesotriton wulingensis*	二级	
*云雾瘰螈	*Paramesotriton yunwuensis*	二级	
*织金瘰螈	*Paramesotriton zhijinensis*	二级	
无尾目	**ANURA**		
角蟾科	**Megophryidae**		
抱龙角蟾	*Boulenophrys baolongensis*	二级	
凉北齿蟾	*Oreolalax liangbeiensis*	二级	
金顶齿突蟾	*Scutiger chintingensis*	二级	
九龙齿突蟾	*Scutiger jiulongensis*	二级	
木里齿突蟾	*Scutiger muliensis*	二级	
宁陕齿突蟾	*Scutiger ningshanensis*	二级	
平武齿突蟾	*Scutiger pingwuensis*	二级	

国家重点保护野生动物名录

中文名	学名	保护级别	备注
哀牢髭蟾	*Vibrissaphora ailaonica*	二级	
峨眉髭蟾	*Vibrissaphora boringii*	二级	
雷山髭蟾	*Vibrissaphora leishanensis*	二级	
原髭蟾	*Vibrissaphora promustache*	二级	
南澳岛角蟾	*Xenophrys insularis*	二级	
水城角蟾	*Xenophrys shuichengensis*	二级	
蟾蜍科	**Bufonidae**		
史氏蟾蜍	*Bufo stejnegeri*	二级	
鳞皮小蟾	*Parapelophryne scalpta*	二级	
乐东蟾蜍	*Qiongbufo ledongensis*	二级	
无棘溪蟾	*Bufo aspinius*	二级	
叉舌蛙科	**Dicroglossidae**		
*虎纹蛙	*Hoplobatrachus chinensis*	二级	仅限野外种群
*脆皮大头蛙	*Limnonectes fragilis*	二级	
*叶氏肛刺蛙	*Yerana yei*	二级	
蛙科	**Ranidae**		
*海南湍蛙	*Amolops hainanensis*	二级	
*香港湍蛙	*Amolops hongkongensis*	二级	
*小腺蛙	*Glandirana minima*	二级	
*务川臭蛙	*Odorrana wuchuanensis*	二级	
树蛙科	**Rhacophoridae**		
巫溪树蛙	*Rhacophorus hongchibaensis*	二级	
老山树蛙	*Rhacophorus laoshan*	二级	
罗默刘树蛙	*Liuixalus romeri*	二级	
洪佛树蛙	*Rhacophorus hungfuensis*	二级	
文昌鱼纲 AMPHIOXI			
文昌鱼目	**AMPHIOXIFORMES**		
文昌鱼科#	**Branchiostomatidae**		
*厦门文昌鱼	*Branchiostoma belcheri*	二级	仅限野外种群。原名"文昌鱼"。
*青岛文昌鱼	*Branchiostoma tsingdauense*	二级	仅限野外种群
圆口纲 CYCLOSTOMATA			
七鳃鳗目	**PETROMYZONTIFORMES**		
七鳃鳗科#	**Petromyzontidae**		
*日本七鳃鳗	*Lampetra japonica*	二级	

284

国家重点保护野生动物名录

中文名	学名	保护级别	备注
*东北七鳃鳗	*Lampetra morii*	二级	
*雷氏七鳃鳗	*Lampetra reissneri*	二级	
软骨鱼纲 CHONDRICHTHYES			
鼠鲨目	LAMNIFORMES		
姥鲨科	Cetorhinidae		
*姥鲨	*Cetorhinus maximus*	二级	
鼠鲨科	Lamnidae		
*噬人鲨	*Carcharodon carcharias*	二级	
须鲨目	ORECTOLOBIFORMES		
鲸鲨科	Rhincodontidae		
*鲸鲨	*Rhincodon typus*	二级	
鲼目	MYLIOBATIFORMES		
魟科	Dasyatidae		
*黄魟	*Dasyatis bennettii*	二级	仅限陆封种群
硬骨鱼纲 OSTEICHTHYES			
鲟形目#	ACIPENSERIFORMES		
鲟科	Acipenseridae		
*中华鲟	*Acipenser sinensis*	一级	
*长江鲟	*Acipenser dabryanus*	一级	原名"达氏鲟"
*鳇	*Huso dauricus*	一级	仅限野外种群
*西伯利亚鲟	*Acipenser baerii*	二级	仅限野外种群
*裸腹鲟	*Acipenser nudiventris*	二级	仅限野外种群
*小体鲟	*Acipenser ruthenus*	二级	仅限野外种群
*施氏鲟	*Acipenser schrenckii*	二级	仅限野外种群
匙吻鲟科	Polyodontidae		
*白鲟	*Psephurus gladius*	一级	
鳗鲡目	ANGUILLIFORMES		
鳗鲡科	Anguillidae		
*花鳗鲡	*Anguilla marmorata*	二级	
鲱形目	CLUPEIFORMES		
鲱科	Clupeidae		
*鲥	*Tenualosa reevesii*	一级	
鲤形目	CYPRINIFORMES		
双孔鱼科	Gyrinocheilidae		

国家重点保护野生动物名录

中文名	学名	保护级别		备注
*双孔鱼	*Gyrinocheilus aymonieri*		二级	仅限野外种群
裸吻鱼科	**Psilorhynchidae**			
*平鳍裸吻鱼	*Psilorhynchus homaloptera*		二级	
亚口鱼科	**Catostomidae**			原名"胭脂鱼科"
*胭脂鱼	*Myxocyprinus asiaticus*		二级	仅限野外种群
鲤科	**Cyprinidae**			
*唐鱼	*Tanichthys albonubes*		二级	仅限野外种群
*稀有鮈鲫	*Gobiocypris rarus*		二级	仅限野外种群
*鳡	*Luciobrama macrocephalus*		二级	
*多鳞白鱼	*Anabarilius polylepis*		二级	
*山白鱼	*Anabarilius transmontanus*		二级	
*北方铜鱼	*Coreius septentrionalis*	一级		
*圆口铜鱼	*Coreius guichenoti*		二级	仅限野外种群
*大鼻吻鮈	*Rhinogobio nasutus*		二级	
*长鳍吻鮈	*Rhinogobio ventralis*		二级	
*平鳍鳅鮀	*Gobiobotia homalopteroidea*		二级	
*单纹似鳡	*Luciocyprinus langsoni*		二级	
*金线鲃属所有种	*Sinocyclocheilus* spp.		二级	
*四川白甲鱼	*Onychostoma angustistomata*		二级	
*多鳞白甲鱼	*Onychostoma macrolepis*		二级	仅限野外种群
*金沙鲈鲤	*Percocypris pingi*		二级	仅限野外种群
*花鲈鲤	*Percocypris regani*		二级	仅限野外种群
*后背鲈鲤	*Percocypris retrodorslis*		二级	仅限野外种群
*张氏鲈鲤	*Percocypris tchangi*		二级	仅限野外种群
*裸腹盲鲃	*Typhlobarbus nudiventris*		二级	
*角鱼	*Akrokolioplax bicornis*		二级	
*骨唇黄河鱼	*Chuanchia labiosa*		二级	
*极边扁咽齿鱼	*Platypharodon extremus*		二级	仅限野外种群
*细鳞裂腹鱼	*Schizothorax chongi*		二级	仅限野外种群
*巨须裂腹鱼	*Schizothorax macropogon*		二级	
*重口裂腹鱼	*Schizothorax davidi*		二级	仅限野外种群
*拉萨裂腹鱼	*Schizothorax waltoni*		二级	仅限野外种群
*塔里木裂腹鱼	*Schizothorax biddulphi*		二级	仅限野外种群
*大理裂腹鱼	*Schizothorax taliensis*		二级	仅限野外种群

国家重点保护野生动物名录

中文名	学名	保护级别		备注
*扁吻鱼	*Aspiorhynchus laticeps*	一级		原名"新疆大头鱼"
*厚唇裸重唇鱼	*Gymnodiptychus pachycheilus*		二级	仅限野外种群
*斑重唇鱼	*Diptychus maculatus*		二级	
*尖裸鲤	*Oxygymnocypris stewartii*		二级	仅限野外种群
*大头鲤	*Cyprinus pellegrini*		二级	仅限野外种群
*小鲤	*Cyprinus micristius*		二级	
*抚仙鲤	*Cyprinus fuxianensis*		二级	
*岩原鲤	*Procypris rabaudi*		二级	仅限野外种群
*乌原鲤	*Procypris merus*		二级	
*大鳞鲢	*Hypophthalmichthys harmandi*		二级	
鳅科	Cobitidae			
*红唇薄鳅	*Leptobotia rubrilabris*		二级	仅限野外种群
*黄线薄鳅	*Leptobotia flavolineata*		二级	
*长薄鳅	*Leptobotia elongata*		二级	仅限野外种群
条鳅科	Nemacheilidae			
*无眼岭鳅	*Oreonectes anophthalmus*		二级	
*拟鲇高原鳅	*Triplophysa siluroides*		二级	仅限野外种群
*湘西盲高原鳅	*Triplophysa xiangxiensis*		二级	
*小头高原鳅	*Triphophysa minuta*		二级	
爬鳅科	Balitoridae			
*厚唇原吸鳅	*Protomyzon pachychilus*		二级	
鲇形目	SILURIFORMES			
鲿科	Bagridae			
*斑鳠	*Hemibagrus guttatus*		二级	仅限野外种群
鲇科	Siluridae			
*昆明鲇	*Silurus mento*		二级	
𩷅科	Pangasiidae			
*长丝𩷅	*Pangasius sanitwangsei*	一级		
钝头鮡科	Amblycipitidae			
*金氏䱀	*Liobagrus kingi*		二级	
鮡科	Sisoridae			
*长丝黑鮡	*Gagata dolichonema*		二级	
*青石爬鮡	*Euchiloglanis davidi*		二级	
*黑斑原鮡	*Glyptosternum maculatum*		二级	

国家重点保护野生动物名录

中文名	学名	保护级别		备注
*鲼	*Bagarius bagarius*		二级	
*红鲼	*Bagarius rutilus*		二级	
*巨鲼	*Bagarius yarrelli*		二级	
鲑形目	**SALMONIFORMES**			
鲑科	**Salmonidae**			
*细鳞鲑属所有种	*Brachymystax* spp.		二级	仅限野外种群
*川陕哲罗鲑	*Hucho bleekeri*	一级		
*哲罗鲑	*Hucho taimen*		二级	仅限野外种群
*石川氏哲罗鲑	*Hucho ishikawai*		二级	
*花羔红点鲑	*Salvelinus malma*		二级	仅限野外种群
*马苏大马哈鱼	*Oncorhynchus masou*		二级	
*北鲑	*Stenodus leucichthys*		二级	
*北极茴鱼	*Thymallus arcticus*		二级	仅限野外种群
*下游黑龙江茴鱼	*Thymallus tugarinae*		二级	仅限野外种群
*鸭绿江茴鱼	*Thymallus yaluensis*		二级	仅限野外种群
海龙鱼目	**SYNGNATHIFORMES**			
海龙鱼科	**Syngnathidae**			
*海马属所有种	*Hippocampus* spp.		二级	仅限野外种群
鲈形目	**PERCIFORMES**			
石首鱼科	**Sciaenidae**			
*黄唇鱼	*Bahaba taipingensis*	一级		
隆头鱼科	**Labridae**			
*波纹唇鱼	*Cheilinus undulatus*		二级	仅限野外种群
鲉形目	**SCORPAENIFORMES**			
杜父鱼科	**Cottidae**			
*松江鲈	*Trachidermus fasciatus*		二级	仅限野外种群。原名"松江鲈鱼"
半索动物门 HEMICHORDATA				
肠鳃纲 ENTEROPNEUSTA				
柱头虫目	**BALANOGLOSSIDA**			
殖翼柱头虫科	**Ptychoderidae**			
*多鳃孔舌形虫	*Glossobalanus polybranchioporus*	一级		
*三崎柱头虫	*Balanoglossus misakiensis*		二级	
*短殖舌形虫	*Glossobalanus mortenseni*		二级	
*肉质柱头虫	*Balanoglossus carnosus*		二级	

国家重点保护野生动物名录

中文名	学名	保护级别	备注
*黄殖翼柱头虫	*Ptychodera flava*	二级	
史氏柱头虫科	**Spengeliidae**		
*青岛橡头虫	*Glandiceps qingdaoensis*	二级	
玉钩虫科	**Harrimaniidae**		
*黄岛长吻虫	*Saccoglossus hwangtauensis*	一级	
节肢动物门 ARTHROPODA			
昆虫纲 INSECTA			
双尾目	**DIPLURA**		
铗虬科	**Japygidae**		
伟铗虬	*Atlasjapyx atlas*	二级	
螔目	**PHASMATODEA**		
叶螔科#	**Phyllidae**		
丽叶螔	*Phyllium pulchrifolium*	二级	
中华叶螔	*Phyllium sinensis*	二级	
泛叶螔	*Phyllium celebicum*	二级	
翔叶螔	*Phyllium westwoodi*	二级	
东方叶螔	*Phyllium siccifolium*	二级	
独龙叶螔	*Phyllium drunganum*	二级	
同叶螔	*Phyllium parum*	二级	
滇叶螔	*Phyllium yunnanense*	二级	
藏叶螔	*Phyllium tibetense*	二级	
珍叶螔	*Phyllium rarum*	二级	
蜻蜓目	**ODONATA**		
箭蜓科	**Gomphidae**		
扭尾曦春蜓	*Heliogomphus retroflexus*	二级	原名"尖板曦箭蜓"
棘角蛇纹春蜓	*Ophiogomphus spinicornis*	二级	原名"宽纹北箭蜓"
缺翅目	**ZORAPTERA**		
缺翅虫科	**Zorotypidae**		
中华缺翅虫	*Zorotypus sinensis*	二级	
墨脱缺翅虫	*Zorotypus medoensis*	二级	
蛩蠊目	**GRYLLOBLATTODAE**		
蛩蠊科	**Grylloblattidae**		
中华蛩蠊	*Galloisiana sinensis*	一级	
陈氏西蛩蠊	*Grylloblattella cheni*	一级	

289

国家重点保护野生动物名录

中文名	学名	保护级别	备注
脉翅目	**NEUROPTERA**		
旌蛉科	**Nemopteridae**		
中华旌蛉	*Nemopistha sinica*	二级	
鞘翅目	**COLEOPTERA**		
步甲科	**Carabidae**		
拉步甲	*Carabus lafossei*	二级	
细胸大步甲	*Carabus osawai*	二级	
巫山大步甲	*Carabus ishizukai*	二级	
库斑大步甲	*Carabus kubani*	二级	
桂北大步甲	*Carabus guibeicus*	二级	
贞大步甲	*Carabus penelope*	二级	
蓝鞘大步甲	*Carabus cyaneogigas*	二级	
滇川大步甲	*Carabus yunanensis*	二级	
硕步甲	*Carabus davidi*	二级	
两栖甲科	**Amphizoidae**		
中华两栖甲	*Amphizoa sinica*	二级	
长阎甲科	**Synteliidae**		
中华长阎甲	*Syntelia sinica*	二级	
大卫长阎甲	*Syntelia davidis*	二级	
玛氏长阎甲	*Syntelia mazuri*	二级	
臂金龟科	**Euchiridae**		
戴氏棕臂金龟	*Propomacrus davidi*	二级	
玛氏棕臂金龟	*Propomacrus muramotoae*	二级	
越南臂金龟	*Cheirotonus battareli*	二级	
福氏彩臂金龟	*Cheirotonus fujiokai*	二级	
格彩臂金龟	*Cheirotonus gestroi*	二级	
台湾长臂金龟	*Cheirotonus formosanus*	二级	
阳彩臂金龟	*Cheirotonus jansoni*	二级	
印度长臂金龟	*Cheirotonus macleayii*	二级	
昭沼氏长臂金龟	*Cheirotonus terunumai*	二级	
金龟科	**Scarabaeidae**		
艾氏泽蜣螂	*Scarabaeus erichsoni*	二级	
拜氏蜣螂	*Scarabaeus babori*	二级	
悍马巨蜣螂	*Heliocopris bucephalus*	二级	

国家重点保护野生动物名录

中文名	学名	保护级别	备注
上帝巨蜣螂	*Heliocopris dominus*	二级	
迈达斯巨蜣螂	*Heliocopris midas*	二级	
犀金龟科	**Dynastidae**		
戴叉犀金龟	*Trypoxylus davidis*	二级	原名"叉犀金龟"
粗尤犀金龟	*Eupatorus hardwickii*	二级	
细角尤犀金龟	*Eupatorus gracilicornis*	二级	
胫晓扁犀金龟	*Eophileurus tetraspermexitus*	二级	
锹甲科	**Lucanidae**		
安达刀锹甲	*Dorcus antaeus*	二级	
巨叉深山锹甲	*Lucanus hermani*	二级	
鳞翅目	**LEPIDOPTERA**		
凤蝶科	**Papilionidae**		
喙凤蝶	*Teinopalpus imperialism*	二级	
金斑喙凤蝶	*Teinopalpus aureus*	一级	
裳凤蝶	*Troides helena*	二级	
金裳凤蝶	*Troides aeacus*	二级	
荧光裳凤蝶	*Troides magellanus*	二级	
鸟翼裳凤蝶	*Troides amphrysus*	二级	
珂裳凤蝶	*Troides criton*	二级	
楔纹裳凤蝶	*Troides cuneifera*	二级	
小斑裳凤蝶	*Troides haliphron*	二级	
多尾凤蝶	*Bhutanitis lidderdalii*	二级	
不丹尾凤蝶	*Bhutanitis ludlowi*	二级	
双尾凤蝶	*Bhutanitis mansfieldi*	二级	
玄裳尾凤蝶	*Bhutanitis nigrilima*	二级	
三尾凤蝶	*Bhutanitis thaidina*	二级	
玉龙尾凤蝶	*Bhutanitis yulongensisn*	二级	
丽斑尾凤蝶	*Bhutanitis pulchristriata*	二级	
锤尾凤蝶	*Losaria coon*	二级	
中华虎凤蝶	*Luehdorfia chinensis*	二级	
蛱蝶科	**Nymphalidae**		
最美紫蛱蝶	*Sasakia pulcherrima*	二级	
黑紫蛱蝶	*Sasakia funebris*	二级	
绢蝶科	**Parnassidae**		

国家重点保护野生动物名录

中文名	学名	保护级别	备注
阿波罗绢蝶	*Parnassius apollo*	二级	
君主绢蝶	*Parnassius imperator*	二级	
灰蝶科	**Lycaenidae**		
大斑霾灰蝶	*Maculinea arionides*	二级	
秀山白灰蝶	*Phengaris xiushani*	二级	
蛛形纲 ARACHNIDA			
蜘蛛目	**ARANEAE**		
捕鸟蛛科	**Theraphosidae**		
海南塞勒蛛	*Cyriopagopus hainanus*	二级	
肢口纲 MEROSTOMATA			
剑尾目	**XIPHOSURA**		
鲎科#	**Tachypleidae**		
*中国鲎	*Tachypleus tridentatus*	二级	
*圆尾蝎鲎	*Carcinoscorpius rotundicauda*	二级	
软甲纲 MALACOSTRACA			
十足目	**DECAPODA**		
龙虾科	**Palinuridae**		
*锦绣龙虾	*Pamulirus ornatus*	二级	仅限野外种群
软体动物门 MOLLUSCA			
双壳纲 BIVALVIA			
珍珠贝目	**PTERIOIDA**		
珍珠贝科	**Pteriidae**		
*大珠母贝	*Pinctada maxima*	二级	仅限野外种群
帘蛤目	**VENEROIDA**		
砗磲科#	**Tridacnidae**		
*大砗磲	*Tridacna gigas*	一级	原名"库氏砗磲"
*无鳞砗磲	*Tridacna derasa*	二级	仅限野外种群
*鳞砗磲	*Tridacna squamosa*	二级	仅限野外种群
*长砗磲	*Tridacna maxima*	二级	仅限野外种群
*番红砗磲	*Tridacna crocea*	二级	仅限野外种群
*砗蚝	*Hippopus hippopus*	二级	仅限野外种群
蚌目	**UNIONIDA**		
珍珠蚌科	**Margaritanidae**		
*珠母珍珠蚌	*Margaritiana dahurica*	二级	仅限野外种群

国家重点保护野生动物名录

中文名	学名	保护级别	备注
蚌科	**Unionidae**		
*佛耳丽蚌	*Lamprotula mansuyi*	二级	
*绢丝丽蚌	*Lamprotula fibrosa*	二级	
*背瘤丽蚌	*Lamprotula leai*	二级	
*多瘤丽蚌	*Lamprotula polysticta*	二级	
*刻裂丽蚌	*Lamprotula scripta*	二级	
截蛏科	**Solecurtidae**		
*中国淡水蛏	*Novaculina chinensis*	二级	
*龙骨蛏蚌	*Solenaia carinatus*	二级	
头足纲 CEPHALOPODA			
鹦鹉螺目	**NAUTILIDA**		
鹦鹉螺科	**Nautilidae**		
*鹦鹉螺	*Nautilus pompilius*	一级	
腹足纲 GASTROPODA			
田螺科	**Viviparidae**		
*螺蛳	*Margarya melanioides*	二级	
蝾螺科	**Turbinidae**		
*夜光蝾螺	*Turbo marmoratus*	二级	
宝贝科	**Cypraeidae**		
*虎斑宝贝	*Cypraea tigris*	二级	
冠螺科	**Cassididae**		
*唐冠螺	*Cassis cornuta*	二级	原名"冠螺"
法螺科	**Charoniidae**		
*法螺	*Charonia tritonis*	二级	
刺胞动物门 CNIDARIA			
珊瑚纲 ANTHOZOA			
角珊瑚目#	**ANTIPATHARIA**		
*角珊瑚目所有种	ANTIPATHARIA spp.	二级	
石珊瑚目#	**SCLERACTINIA**		
*石珊瑚目所有种	SCLERACTINIA spp.	二级	
苍珊瑚目	**HELIOPORACEA**		
苍珊瑚科#	**Helioporidae**		
*苍珊瑚所有种	Helioporidae spp.	二级	
软珊瑚目	**ALCYONACEA**		

国家重点保护野生动物名录

中文名	学名	保护级别	备注
笙珊瑚科#	Tubiporidae		
*笙珊瑚	*Tubipora musica*	二级	
红珊瑚科#	Coralliidae		
*红珊瑚科所有种	Coralliidae spp.	一级	
竹节柳珊瑚科	Isididae		
*粗糙竹节柳珊瑚	*Isis hippuris*	二级	
*细枝竹节柳珊瑚	*Isis minorbrachyblasta*	二级	
*网枝竹节柳珊瑚	*Isis reticulata*	二级	
水螅纲 HYDROZOA			
花裸螅目	ANTHOATHECATA		
多孔螅科#	Milleporidae		
*分叉多孔螅	*Millepora dichotoma*	二级	
*节块多孔螅	*Millepora exaesa*	二级	
*窝形多孔螅	*Millepora foveolata*	二级	
*错综多孔螅	*Millepora intricata*	二级	
*阔叶多孔螅	*Millepora latifolia*	二级	
*扁叶多孔螅	*Millepora platyphylla*	二级	
*娇嫩多孔螅	*Millepora tenera*	二级	
柱星螅科#	Stylasteridae		
*无序双孔螅	*Distichopora irregularis*	二级	
*紫色双孔螅	*Distichopora violacea*	二级	
*佳丽刺柱螅	*Errina dabneyi*	二级	
*扇形柱星螅	*Stylaster flabelliformis*	二级	
*细巧柱星螅	*Stylaster gracilis*	二级	
*佳丽柱星螅	*Stylaster pulcher*	二级	
*艳红柱星螅	*Stylaster sanguineus*	二级	
*粗糙柱星螅	*Stylaster scabiosus*	二级	

*代表水生野生动物；#代表该分类单元所有种均列入名录。